大是文化

獲利的魔鬼就躲在細節裡

不拚業績，我們如何讓獲利翻倍？

強納森・伯恩斯（Jonathan L.S. Byrnes）博士◎著

林麗冠◎譯

Islands of Profit in a Sea of Red Ink

CONTENTS

第二部　銷售是為了利潤、別只為業績

CONTENTS

第四部　利潤是什麼？全公司都該知道

CONTENTS

推薦序一
從未想過就因為一本書，讓我在商場上完全開竅

《Men's Game 玩物誌》創辦人／賴金豐

我二十七歲開始創業，十多年來一直努力讓公司更壯大，以做更大的生意、接更大的訂單、認識更大的客戶，不斷的談新商品的代理。因此我的公司一年比一年更進步，員工不斷的擴增，營業額也有成長，但是我卻一點都感覺不到安全感。

因爲每年的稅後盈餘，都是建立在那高風險及不受控制的大型訂單上，運氣好，到年底可以賺到錢；若運氣不好，很有可能年底會有一堆庫存，而且賺不到錢，白忙一整年，空有漂亮的四〇一報表（按：營業人銷售額與稅額申報書），卻看不到漂亮的淨利所得數字。

二〇一三年的某天，我逛著臺灣最大的書局連鎖店，我會習慣挑一、兩本商業書買回家研讀，我看過許多不同類型的商業模式書籍，卻不曾看過《獲利的魔鬼，就躲在細節裡》中，提到這麼簡單、俐落的道理，完全打中了我的痛處。

「大客戶業者都搶著要，可是這些大客戶不是讓公司很賺錢，就是害公司非常不賺錢。」

這就是我目前遇到的問題啊！我們公司做遍臺灣大型的客戶，營業額越做越大，隨之而來的銀行貸款金額卻越來越高，我們就像走在鋼索上的一頭大象，隨時可能因幾張訂單或應收款

出問題，而動搖公司的根本。

「所有的客戶應該得到同樣、絕佳的服務？」依照我們過去的經驗，擁有絕佳服務的客戶，多為訂單最大張的大型客戶，導致整個公司的人事資源都在應付這些大型客戶身上，除了訂單利潤低，還要付出更多的人事成本。而往往被我們忽略的，是雖然金額不大、但利潤極佳的客戶。是什麼讓我們迷失了？是什麼原因讓我們一直在拚營收，而不是獲利？

如果你與我一樣有這樣子的問題，請立即將這本書買回家。我從來沒有看商業書這麼的投入，因為道理是那麼簡單易懂，而我們卻完全沒有想到，這麼簡單的道理，可以翻轉我們的獲利模式。我將這本書視為我的《聖經》，反覆的看而且隨身攜帶，我領悟了其中的道理，並套用在我的公司，成功的在二〇一三年開始轉型公司的商業模式，並且在全年度營收只成長不到一〇％的情況下，獲利成長一七五％。我將這樣子的成績收集後投稿，成功獲選年度臺灣百大經理人獎。

在這幾年，我仍然在社群網站上及 YouTube 推廣這個商業模式，書中的觀念幫助到非常多人。我很開心看到這麼好的書再版了，強烈推薦本書，你可以在每一筆生意上運用它，調整你的生意模式，從備料出貨、上下游之間的配合模式、你會知道如何精準的獲利、知道如何斷捨離，而不再只是瞎忙。

推薦序二
利潤觀點思考，更能掌握客戶情況

財經主持人／朱楚文

印象中，大學企管系教授問著因討論案例而苦惱的我們，是否知道解題一切目的爲何，正當我們思索教授的話時，他在陽光灑落的白板上，寫下大大的P字，轉過頭，笑著說：「是爲了追求獲利（Profit）。」

這一句話，讓當時的我很震撼，原來我們在學習企業管理時，所有創意發想、解決困境的努力，源頭都是爲了「獲利優先」。

教授當時的教導，對照《獲利的魔鬼，就躲在細節裡》書中作者的觀點，不謀而合。作者強調一間企業不應該再只追求傳統的4P，包括價格（Price）、產品（Product）、促銷（Promotion）、地點（Place），而是應該重視獲利，進入5P時代，用利潤觀點思考企業策略，有系統的管理利潤。主要原因在於我們已經從大眾行銷時代，進入精準行銷世界，客戶管理比以往更加重要，從利潤觀點思考，將能幫助我們更能掌握客戶情況。

書中有一句話很有道理：「企業成功的關鍵不是找新事情來做，而是有效的讓現有的生意獲利」。

我覺得這句話對於許多企業來說，都非常受用。我自己離開電視臺後，開始接案主持記者會、論壇，擔任廣播節目主持人，並開設行銷公司，也就是邁入所謂的「斜槓創業」，也深深感受到，如果沒有掌握每一個客戶和專案的利潤情況，將很可能會花許多時間忙得焦頭爛額，但最後卻沒賺錢、白忙一場，甚至一直花時間開發新客戶，卻沒發現某些好的舊客戶應該更花心力經營才對。

我在接案初期，就面臨如此困境，直到隔年開始記錄每一筆專案的利潤貢獻，才更清楚自己企業的營運狀況，哪些專案能賺錢，進而重新安排工作時間和精力。

作者在書中提出如何畫利潤地圖的方式，協助企業分析客戶、產品和訂單利潤，找到管理客戶、產品和營運上的關鍵利潤槓桿，將「壞」客戶（不賺錢的客戶），變成好客戶（賺錢的客戶），並從中建立利潤管理流程，將公司的利潤最大化，避免企業空轉和白費工，我認為非常適合企業經營者參考。

我覺得本書很像是以前企管系念的管理教科書，用許多企業案例闡述作者所提出的管理觀點，並且列出實際操作的步驟，適合企業老闆或斜槓創業者閱讀，有助於破解商業迷思，為事業獲利找到久違的藍天。

前言
找出原本屬於你的獲利

獲利的魔鬼，到底躲在哪裡？

我寫本書的基本前提，來自一項驚人的主張：每一家公司有將近四〇%的業務，以任何標準來衡量都不賺錢；有二〇%到三〇%的業務相當賺錢，所以提供了財報上所有的獲利，並且補貼虧損的部分。至於其他部分的業務則稱不上有什麼利潤可言。

大約二十年前，我在與某實驗室儀器耗材龍頭公司合作過程當中，第一次發現這件事。從那之後，我和醫院醫療耗材、電信和鋼鐵等各種產業主要公司的研究和諮詢工作中，竟也發現相同的情況，而且，這些機構並不是遲鈍渙散，而是業界公認績效頗優的企業。

在這些合作專案中，我建立了一套分析公司獲利的系統性流程，並且發展出許多「利潤槓桿」（profit levers），可以將不賺錢企業變成優良企業、將優良企業變成頂尖企業。

我在本書提出兩個令人深感困惑的問題：

一、爲什麼上述無法獲利的情況發生在這麼多產業、公司裡？

二、爲什麼經理人無法好好抓住這個大好機會，並且採取行動？

當我和幾位具有洞察力的經理人探討這兩個問題時，答案呼之欲出，根源就在目前商業界正在經歷一個大型、歷史性的過渡時期：從之前的「大眾市場時代」（Age of Mass Markets）正轉變到商界的新時代——「精確市場時代」（Age of Precision Markets）（第三章會進一步討論）。商業界的問題在於，大部分的管理程序和控制資訊，都是在之前的「大眾市場時代」設計、發展，到了現在已經不再適用。

這也解釋了：爲什麼一個又一個產業出現不能獲利的窘境。這意味著，現在的高績效經理人不僅要了解如何從這個龐大的新機會獲利，還必須識別阻力的來源，並且精熟管理建設性、典範的改變。

全世界的主管都想知道……

幾年前，我接受《哈佛商學院工作知識》（*HBS Working Knowledge*）電子報編輯西恩・席爾弗松恩（Sean Silverthorne）的邀請，開了一個每月專欄與各界主管討論這些主題，一寫就是四年。

《工作知識》在全世界擁有數以萬計的經理人讀者，我寫作的前提是，假設大部分經理人所待的企業裡，沒有人懂得有效管理利潤。

我記得第一篇專欄主題就在說「誰管理利潤？」，這篇文章也是本書第一章的基礎。星期一早上，專欄在網路上發布，我屏息以待，不知道外界會有什麼反應。結果外界的反應立即且明確，我的收件匣湧進數十封郵件，是同意我觀點的經理人寄來的。

我在四年間陸續寫了將近五十篇有關利潤管理的文章，解釋如何以實際操作方式，有系統的改善核心商業流程。我寫這些專欄，是要作為高效的行動準則，讓人在網路上快速閱讀——就像分量多又沒有太多脂肪的瘦肉，大部分專欄最後都附有一份非常明確的待辦事項清單，告訴讀者接下來可以怎麼做。

我的專欄廣獲其他刊物轉載，其中好幾篇用在大學課程和訓練計畫，每一篇都有數以千計經理人的經驗印證。到目前為止，還沒有人反對我的結論和建議。

許多讀者希望我將《工作知識》專欄內容整理成一本參考手冊，於是我保留了行動導向的寫作格式，修訂、更新內容，你現在閱讀的這本書，就是回應這些要求的成果。我將文章分為四大主題：

⊙用利潤的觀點來思考；
⊙銷售是為了利潤、別只為業績；
⊙一切營運動作都為了利潤；
⊙利潤是什麼？全公司都該知道。

從跨國集團到五人小公司都適用

本書要探討的是如何從現有事業、而非另外花錢發動新計畫去賺更多錢，各章會告訴你如何有系統的增進業務、贏得最佳客戶、建立經理人的能力，並且透過審慎、有效的管理來確保你的未來。這些改善不會花費你分毫；事實上，它們幾乎從一開始就能創造利潤和現金。

這是供所有經理人使用的手冊，不論你的公司是跨國集團，還是只有五名員工的小公司，本書都會引導你的公司充分發揮潛力。

在每一章最後，我會整理重點成「獲利的魔鬼在這裡」，提供你如何執行的建議。我在麻省理工學院講課，每一堂課都是以這種方式結束來幫助學生整合自己所學的，他們理解課堂所學之後，再與實際的職場情況連結。許多學生說，這是上我的課最有價值的收穫，有些學生還會把重點列出來，身邊放一份隨時參考。

本書按照某種邏輯順序，讓你能夠了解新機會、識別最具生產力的行動方針，並且帶頭建立高績效的管理團隊。我的目的是讓你快速翻查、複習你有興趣的主題，最好能與同事和夥伴共享。

你應該跟著你的興趣走，但是按順序讀完整本書，可以讓你掌握商業新時代有效管理所需知道的全貌。

大家的獲利模式都待改善

爲什麼這些重大機會出現在這麼多的公司裡？答案就在於商業界正在發生的巨變，我會在第三章〈精確的市場，細節裡抓魔鬼〉解釋這一點。

現今，商業界正經歷從一個時代進入另一個時代、從大眾市場進入我所謂「精確市場時代」的過渡期。在大眾市場時代，企業與客戶沒有特定關係，企業盡可能廣泛的分銷產品，爲的是大量製造和大量分銷。在那個時代，像是全面增加營收和降低成本等管理措施，就足以充分提高利潤。目前企業中幾乎所有的管理系統和程序，隱然都是爲了符合這項傳統目標。

但是在新時代，企業與不同類型的客戶逐漸形成不同的關係，這些關係有保持適度距離的，也有高度整合的，幾乎涵蓋所有的形式。還有，主要企業將自己的供應商數目減少四〇%到六〇%，或是更多，讓最有能力的供應商有機會大幅增加利潤和市場占有率。

如今，成功的企業創造了龐大的競爭優勢和龐大的持久利潤，他們的做法是發展創新的客戶關係和新類型的客戶價值，以及使內部程序一致。然而，這些措施是兩面刃：如果客戶搭配適當的關係，而且新價值令人信服，銷售和利潤就可以增加；但如果這些搭配做得不夠好，利潤就會驟降。

在這個新時代，過去一體適用的衡量標準和管理方法，無法再讓經理人充分提高公司的利潤，這是我總是看到利潤模式出問題的根本原因。對想要接受挑戰、以新方式管理的經理人而言，這種情況製造了一連串新的機會。

本書的各章按時間順序記載這個轉型期，並且說明要如何建立未來的成功企業——要做什麼事、如何做、可能會遇到什麼困難和如何克服。我的目標、寫本書的原因，是要提供你路線圖、觀點，還有在這個新商業時代成爲高績效經理人所需要的工具。

找到你自己的最佳實務

想想看，假設有人花一年的時間，拍攝你公司裡發生的所有大小事，然後加以剪輯，保留最佳做法。當你檢視經過剪輯的影片時，我敢保證，你會看到世界上最棒的公司。

但是問題出在那些被剪掉的部分，也就是那些不符合最佳做法的項目。當你檢視公司的實際績效——淨利、市場占有率、客戶關係、營運效率時，你除了檢視你自己的各種最佳實務，還得看看不符合標準的其他所有實務。

這一點有多重要？它創造了本書所揭示的獲利模式，也就是**如何在沒有利潤的生意中找回該有的獲利**。

我還記得第一篇專欄文章透過網路發送之後，有些深有同感的經理人寄信給我、分享他們的經驗。有位執行長告訴我，他的公司就發生我所說的情況，他最擔心的就是，如果某位競爭對手處心積慮要挖走他最大的客戶，他會有多無力招架。

還有位銷售部門資深副總裁這麼寫：「我猜想，我有兩種方式可以將利潤提高三〇%：要不將銷售額提高四〇%，增加許多新的低獲利生意，要不就是專注於管理公司的日常細節。要怎麼選擇，其實很簡單。」

這些高階主管的反應，恰恰說明了本書的主旨：**提升你手邊已經擁有的生意，改變一些觀念或做法，就有很多的錢等著你去賺**。對一些經理人而言，花錢在光鮮的新計畫上，比有系統的改善企業來得容易。但是，你不妨這麼想，當你的企業經過調整，準備好要充分發揮潛力時，你可以像駕駛法拉利一樣駕馭它。管理工作會很有趣、非常令人滿足，而且報酬很高。

本書閱讀建議

本書的目的是作爲利潤管理手冊，不論你是大型或是小型企業的老闆，都可以把這本書與自己組織裡的主管、員工分享。以我和讀者通信的經驗，某種類型的讀者對特定篇章特別有感覺，以下是我的閱讀建議。

如果你是……	建議	你可以先讀……
高階主管（執行長、副總裁和總經理）	你會對本書的第一部和第四部有興趣，但請盡量從頭到尾看完，好發展有效的利潤管理計畫、領導旗下的經理人。其中第一、二、三、四、九、十、十六、十七、十九、二十五、二十六、三十一、三十二、三十三和三十六章的內容得到許多高階主管的迴響。	第三十一、三十二章
財務長	整本書的內容和你非常相關。如果你想要選擇跳讀，我建議從第九章開始，繼續看第一、二、三、六、七、八、十、十二、十四、十九、二十、二十一、二十四、二十五、二十七、三十二和三十四章。	第九章
部門主管（經理級主管）	你是所有成功利潤管理計畫的核心，需要有整體概念，還必須與其他部門主管協調，本書第一部和第四部可以幫你。其中第二十八、三十一和三十二章解釋變革管理和組織效能，這幾章特別重要。	第一部、第四部 第二十八、三十一和三十二章
一線主管	你應該專注於在自己的職務範圍內發展、管理利潤槓桿，第二部和第三部提供這個領域的相關知識。此外，第四部（特別是第三十六章）談論領導力，將在職涯進展上助你一臂之力。	第一部，讓你對利潤管理有整體理解

在中小企業上班	我知道，你的格言是「用最少的資源，做最多的事」。你可以將焦點集中在第一部。此外，第二部和第三部的各章提供許多充分提高資產生產力和現金流量的具體方法，第十一、十二、十三、十五、十六、十八、十九、二十一、二十二和二十三章特別相關。在第四部，第二十七、二十九、三十和三十五章也非常重要。	第二、五、六、九和十章

本書所有篇章，是根據我過去二十多年和大型企業老闆、經理人直接合作的工作成果。在大部分顧問計畫中，我和龍頭企業的高層主管直接合作，建立新的策略計畫，提供他們公司和產業轉型的新經商之道。我一直很幸運，能夠得到「挑戰一切與利潤有關」的機會，並且找出讓事情更好的創新方法。本書就是這些經驗的集大成。

我除了在企業工作，也是個老師，我在麻省理工學院任教將近二十年，教過數以千計的學生（包括企業主管），他們每天都將這些概念付諸實施，也樂於和我分享成果。我希望本書也能協助你將你的公司脫胎換骨，期待聽到你的經驗分享。

第一部

用利潤的觀點來思考

公司裡，誰在管理利潤？很多人的答案是：
「沒有這個人。」

有人意識到「沒有人來管理利潤」會是個問題嗎？
幾乎沒有。

解決這個問題的第一步，是讓每個人建立這個觀念：
「拚業績、砍成本之外，還有別的獲利方法。」

第一章　拚業績、砍成本之外的獲利方法

對大部分主管來說，如何從現有的業務中賺更多錢，不必花錢推行新計畫，是他們最重要的問題。

我研究過許多產業，也曾和這些產業的幾家公司合作。我發現，不論是用什麼標準來衡量（客戶、產品、交易），**每一家公司有三〇%到四〇%的生意是不賺錢的**。這數字聽起來很驚人，但千眞萬確。每一家的營運狀況都是：少數高利潤的生意抵銷了其他赤字生意造成的損害。

幾年前，我擔任某位公司執行長的顧問，第一次發現這個現象。這家公司是一家成功的大型實驗室儀器耗材配銷商。我們決定不推出新的大型方案，但照樣要增加公司獲利，於是我們有系統的檢查這家公司的現況，哪些地方是賺錢的、原因是什麼；哪些客戶、哪些產品該爲不賺錢負責？

我們知道，每一家公司都可以改善，但我們還是爲所發現的事實感到驚訝。這家公司根本已經掌握增加獲利的最大機會，**成功的關鍵不是找新事情來做，而是有效的讓現有的生意獲**

利。以下是我們的發現：

⊙客戶（accounts）：該公司的客戶有三三%讓該公司無利可圖。

⊙訂單（order lines）：所有的訂單有三五%不賺錢。

⊙供應商（vendors）：按供應商歸類的產品線有四〇%不賺錢，另外有三八%獲利甚微，包括有些主要的供應商。

⊙銷售通路（sales channels）：電話銷售獲得的毛利（四一%）遠高於其他通路（現場銷售客戶爲三六%、大型客戶爲三〇%），其他因素已經考慮在內。電話銷售可以帶來高毛利，但令人驚訝的是，各區域運用電話銷售的比例並不統一，從三%到三二%都有。

⊙產品（products）：出乎意料的，動得快的庫存產品，所獲得的毛利（三六%）高於動得較慢的庫存產品（三四%），但是，兩者都超越非庫存的特殊和客製化訂單毛利（二九%）。這些差異對公司的淨利影響很大。

信不信由你，這家公司一直是業界公認表現穩健的龍頭企業——達成預算，業績毫不遜於競爭對手。事實上，問題正是出在這裡：光是做到達成預算，業績毫不遜於競爭對手，根本還不夠。

我總結這家公司的狀況發現，整體來說，他們改善、提高利潤的機會超過三〇%。這些潛在收益，其實很多都只要對現行的業務組合做簡單的改變，並不需要額外增加支出。更好的消息是，這與我在其他十多種產業，包括鋼鐵、零售和電信等，發現的結果一模一樣。

大家都達成目標，只有老闆不及格

爲什麼這種情況會這麼常發生？公司裡幾乎每個人都很留意利潤，但很少有公司設立流程，每天有系統的管理利潤（順帶一提，我說的是實質利潤增加，而不是操縱數字來創造表面的營收）。

這麼說好了，現在公司有項「利潤計畫」，讓各部門主管分別負責某部分，並且密切觀察進展。到最後，即使每位主管都達到目標，公司的利潤還是遠低於預期的水準。我認爲原因出在：大多數公司沒有任何人負責各部分的整合，好讓利潤衝到極致。

幾年前，我出席某家公司的營運檢討月會，公司總裁坐在大桃花心木桌的主位，兩隻眼睛盯著每一位主管。這幾位主管輪流報告說：「這個月我達到業績目標。」最後，總裁嘆了一口氣說：「眞是太好了，我是房間裡唯一沒有達到業績目標的人！」

怎麼會這樣？我們來看一下那個月發生的幾件事。

首先，銷售主管讓營業額增加了；可是增加的營業額是來自訂購量通常很少的新客戶，這些訂單的毛利根本無法攤平配銷成本。

還有，有些訂單發生缺貨情形，必須從別的地區調貨。這些缺貨產品其實都備有替代方案，客戶也同意用現有的類似產品替代，可是，狀況實際發生時，訂單還是被打消至等候調貨的狀態。

在這些情況中，有兩件事很重要。第一，銷售主管和營運主管都達到目標，銷售主管確實有增加營收，而營運主管也沒有超過預算。只不過，因爲公司的營運預算是根據平均成本來算，計算平均成本時，直截了當的接受沒效率就是系統的常態。你很容易發現，即使他們達到業績目標，其實沒有增加多少利潤。

第二件事則是好消息，透過一些會讓客戶和公司雙贏、一點都不難的微幅調整，這些客戶和訂單可能會變得更有利潤。這些調整所需要的只是仔細思考和管理，而不是龐大的資本。

不是客戶壞，而是你沒管

在電信業也發生相同的問題。例如，有家屬於小貝爾（Baby Bells，由美國最大的行動電話服務供應商AT＆T分出去的七家公司）的地方電話公司，其中有位精明的企畫經理曾檢討客戶利潤，他發現，大客戶每家業者都搶著要，可是這些大客戶不是讓公司很賺錢，就是害公司非常不賺錢。

他仔細分析無法帶來利潤的客戶，把他們分爲兩類：第一類客戶很容易接受新科技，願意早早採用，另一類則是典型的「抱怨者」，這兩類客戶都占掉客戶服務的大量資源。公司裡每個人都同意，很早採用新科技的客戶是公司市場發展的關鍵，繼續服務他們是一項長遠投資；

相對的，愛抱怨的客戶只會拖垮利潤成長。

這位經理很聰明，他沒有直接把這些愛抱怨的客戶列爲斷絕往來，而是想辦法，讓他們變成能帶給公司利潤的客戶。他建議公司設計附有Q＆A的簡單指導手冊，並且提供自動化服務熱線，以協助抱怨者（許多客戶要的服務，其實就是手冊裡的內容）。不久，許多「壞」客戶因此搖身一變爲「好」客戶。

在這位經理出現之前，這家電話公司從沒有做過類似上述的分析，就將銷售成長重心放在全部的大客戶身上。這樣的策略在幾年前或許是理所當然，而且也很有效，因爲早期提供簡單服務的大眾市場時代，龐大的規模經濟帶來的效益，讓客戶服務顯得不是那麼必要。

但是，這樣的做法在今天就不適用。即使電信公司銷售主管達到成長目標、客戶服務主管達成平均成本預算，但是，**還有許多可以大幅改善的細節、潛藏的獲利機會沒有被發現**。

重點是，這些客戶不見得就是「壞」客戶，他們只是沒有被妥善管理，就像本章一開始提到的那家實驗室儀器耗材公司，他們的客戶就是屬於這一種。

幾年前，水平方式的流程管理很流行，尤其針對協調跨部門間的商業流程（例如製造產品、銷售產品、得到營收等），這個方法非常適用。我記得我曾和公司老闆、主管看了很多令人眼花撩亂的幻燈片，裡頭有產品供應流程、訂單流程、產品開發流程和現金循環流程等。只不過，其中始終不見利潤管理流程——這部分不只看不見，也沒有人負責管理。

那麼，你該如何才能夠在公司裡有效管理利潤？在接下來的幾章，我會解釋、舉例來說明三個關鍵要素：利潤地圖、利潤槓桿和利潤管理流程。

⊙畫出利潤地圖（profit mapping）：我如何才能夠分析客戶、產品和訂單利潤，而不必花費幾年建立作業基礎成本制度（activity-based costing system，將公司所有的成本分配給各項業務活動的一套流程）？我必須做到多精確？我如何看到，公司「水面下」潛藏的獲利在哪裡？

⊙利潤槓桿（profit levers）：在管理客戶、產品和營運上的關鍵利潤槓桿是什麼？我如何才能夠將「壞」客戶改變成「好」客戶？

⊙利潤管理流程（profit management process）：我如何才能夠按優先順序處理改善利潤的機會？哪些方案最快收到成效？我的同事已經達到業績目標時，我如何才能夠讓他們和我合作增進利潤？誰應該帶頭？

擁有這三項基本要素，你就能夠將你公司的利潤最大化，本書接下來的每一章都在說明這三項要素。

獲利的魔鬼在這裡

1. 幾乎每一家公司裡，有三〇%到四〇%的生意，以任何標準來衡量都不賺錢。
2. 幾乎每一家公司裡，有二〇%到三〇%的生意相當賺錢，這些利潤有很大比例會補貼不賺錢的生意。
3. 大部分現行的商業衡量標準和控制系統（預算等），無法呈現出哪個地方出問題，也不能提供改善的機會。
4. 大部分毫無利潤或獲利甚微的生意，如果好好利用利潤管理的三項要素（利潤地圖、利潤槓桿、利潤管理流程），就有機會變成賺錢生意。如果你主動這麼做，公司或你自己的前景都會大不相同。

接下來你要注意……

我在接下來幾章會解釋，爲什麼無利可圖的問題會在此時此刻出現？這或許是無法避免的問題，但我會告訴你該用哪些方法解決。另外，你會看到成功的企業如何使用本書說明的原則，得到驚人的獲利提升。

第二章　這些商業迷思害了你

思考精準和具備商業原則，是商業能否獲利、成功的關鍵。但是，對大部分企業的多數經理人來說，「理所當然、不言而喻的事實」（實際上是模糊的通則），實際上卻往往是阻礙公司獲利的魔鬼。以下是這類商業迷思當中最嚴重的十項。

一、營收是好事，成本是壞事？錯！

這是最大的一項迷思。事實上，有些營業額可以帶進很高的利潤，但有些則沒辦法賺錢。如果你使用利潤地圖仔細來檢視任何企業的淨利，你會發現，只有二〇％到三〇％真正有利潤，三〇％到四〇％不賺錢，其餘的只有些微獲利。這就是我所謂的「獲利的魔鬼，就躲在細節裡」。

如果你看的是平均或是總和的利潤，就會忽略這項重要的事實，甚至錯失用精準的策略或成本來增加獲利的機會。銷售薪酬制度大都根據營收來訂，但並非所有的銷售都創造同等的利潤（許多銷售根本毫無利潤），因此，大部分企業逃脫不了承擔顯著的隱形虧損（embedded unprofitability）。

那麼成本端又是怎樣的面貌？如果所有的營收全都被視爲好事，得出的結論就是：所有的成本全都是壞事。所以，削減成本計畫幾乎遍及全公司。事實上，你的公司最有利潤的部分，應該用來鎖定及擴充該部分業務的額外開支。但是這一點通常被排除在外，因爲不賺錢的業務占掉了不必要的資源。

最危險的是，競爭者可以非常有選擇性的投入他們的資源，然後找出、甚至搶走你最賺錢的生意。

二、客戶要什麼，我們就給什麼？錯！

這個迷思與你怎麼看待你的業務有關。你要做的是提供客戶「需要」的東西，可是，這通常與他們「想要」的東西不同。客戶「想要」的東西，通常反映他們目前做生意的方式；而他們「需要」的東西，則會推動他們改變和改善本身的業務。

因此，如果你提供給客戶的，是他們需要的東西，等於幫助他們有更新、更好的經營方式，這會讓你成爲客戶的策略夥伴，而不只是隨時可以被替代的供應商。如此一來，你可以大舉贏過其他競爭對手、提高關鍵客戶的銷售和利潤，還能鎖定持久策略優勢。得知客戶眞實的需求、創造價值的方法很多，除了花時間在客戶身上，你也可以選擇好用的工具，例如通路地圖（用來組合、分析的經濟模式流程，後幾章會說明）。

客戶通常不會馬上看到自己實際的需求。對方層級較低的採購人員和你自家的業務專員如果覺得，有其他經理人介入客戶關係客戶會喪失主控權，可能會抗拒改變。但是，有效的方法的確存在，可以讓你達成促使客戶內部改變的方案，並進而管理這些方案，包括一些展示性質的專案，能提供可行性和好處兩者兼具的大略說明。

三、業務人員賣東西、營運人員處理訂單？錯！

在你回應一次性客戶需求的交易式客戶關係中，上述區隔可以適用。但是對你最好的客戶而言，營運人員在初步銷售和持續銷售上都扮演關鍵角色。幾乎所有產業的重要公司都在刪減他們的供應商基礎（供應商數目），減少四〇％到六〇％，留下來的供應商得到更多的市場占有率，而其他供應商則大幅流失市場占有率。

供應商之所以能被留下來，關鍵是他們有能力提升顧客的獲利能力，採購他們的產品，採購者會得到管理庫存、提供產品共同設計以及其他公司 vs. 公司的營運創新等服務。因此，營運團隊是成功留住客戶和營收成長的關鍵。

四、所有的客戶應該得到同樣、絕佳的服務？錯！

在企業中，如果想要一視同仁，提供所有客戶最好的服務，最後反而會導致服務品質下降，成本失控。當這種情況發生時，管理階層就很難設定明確目標：目標像鐘擺一樣，在成本與服務之間來回擺盪。有四分之一的管理階層將焦點集中在減少庫存上，因爲成本太高；另外四分之一的管理階層力求增加庫存，因爲「客戶一直在吵著要」。

解決這個問題的答案在於「服務區隔」（service differentiation），也就是爲不同的客戶、產品設定不同訂貨週期（從接到訂單和客戶收到產品之間的時間）的流程。一般而言，根據銷售量、利潤和忠誠度，客戶分成核心與非核心，根據銷售量、利潤、重要性和可取代性，產品同樣也分成核心與非核心。

如果你將客戶分成上述四類，結果會證明，這種經過仔細調整的服務和成本特性的不同供應鏈（supply chain，產品生產、流通過程中涉及到的原材料供應商、生產商、分銷商、零售商，以及最終消費者等成員通過與上游、下游成員的連接組成的結構），能夠針對每一類客戶提供最好的服務。這讓你能夠降低成本，甚至在提高服務層次時也一樣。關鍵是針對需要不同產品的不同客戶，做不同但適當的訂貨週期承諾，而且總是兌現你的承諾。

五、供應鏈整合成一個會省錢省事？錯！

我記得和一家大型消費產品公司營運副總裁會面，他讓我看描述供應鏈發展階段的簡報，幾個階段從一開始小幅接觸的客戶關係，進展到複雜、充分整合的通路，在這些通路中，關鍵供應商及其關鍵客戶發展出極度緊密協調的供應鏈。明顯的影響是，後者是所有供應鏈應該追求的理想。

這種想法很荒謬。供應鏈整合的適當程度應該反映各種因素，包括通路經濟（結合客戶vs.供應商產品流程的成本結構）、客戶意願和創新能力、忠誠度、以及客戶vs.供應商策略配合。比方說，如果你建立一個二乘二矩陣，一個軸是客戶重要性，另一個軸是客戶意願和能力，你會發現，供應鏈整合的正確程度取決於客戶所在的象限。公司的資源有限，儘管供應鏈整合可能帶來豐厚利潤，但卻必須維繫非常緊密的關係，公司必須嚴格篩選，根據客戶關係量身訂做供應鏈整合的程度。

六、每個人都做好自己的工作，公司就有榮景？錯！

在客戶需求明確並且維持不變、市場同質性極高的穩定情況中，公司可以爲每一個功能領域設立政策，經理人可以執行這項政策一段時間，不必多加改變。這是大部分公司數十年前在大眾市場時代面臨的情況。

但是，現今的企業面臨日益分眾的市場，他們與不同的客戶建立的關係差異很大，在這種所謂「精確市場時代」的情況中，一個經理人所做的事情，對其他經理人有重大的影響，經理人彼此之間需要承擔重疊的責任。

比方說，如果一位供應鏈經理人努力將產品的庫存成本降低二〇%，可是這個產品並不賺錢，這位經理人應該覺得自己成功了嗎？答案取決於該經理人如何界定自己的工作。在營運只是履行業務員接來的訂單那個年頭，供應鏈經理人會是英雄。

如今在主要企業中，經理人的「工作」卻遠超出傳統的成本控制，延伸到涵蓋成本和營收兩者的資產生產力。供應鏈經理人和業務行銷經理人應該感受到，他們對公司每一部分的利潤有共同責任；除非他們合作無間，他們管理的功能部門之間的互動，幾乎必然會導致龐大的隱形虧損。

你必須在每一個情況中適當界定「工作」，這樣才可能會有人把這項工作做好，而且這個定義像移動迅速的標靶。大部分企業裡，這是使績效降低的最重要根本問題之一，如果經理人沒有執行需要執行的事情，就不可能實現最佳的執行力。

七、如果你升官了，繼續做讓你成功的事準沒錯？正好相反。

這是許多經理人的自然傾向，但是你獲得晉升後，「照舊」肯定是大錯特錯。在許多公司中，各層級的經理人管理「比自己職務低一層的事務」，他們管頭管腳的監控通常在做他前一個工作的部屬。他們沒有教導部屬，也沒聚焦在協助部屬改善工作流程，反而是強迫部屬花過多時間，準備爲本身的營運績效接受盤問。

這造成兩個問題。首先，部屬失去學習和成長的機會；其次，經理人根本沒有做到自己新職位的關鍵任務。

簡言之，在第一線的經理人應該經營公司，主管應該指導底下員工，並且花費同樣多的時間和其他功能部門的對等主管合作，以確定業務的每一個部分都具有生產力和利潤。副總裁應該指導主管，並且把時間花在根據公司未來三到五年的目標，去設想公司的定位和發展計畫。當每個人只將焦點集中在日常工作上，隱形虧損所造成的機會成本，還有未能將公司好好定位造成的失敗，會大得讓人吃驚。

八、以「利潤中心」來要求業務專案成效就對了？錯！

業務專案是大部分企業資源配置流程的關鍵部分。如果經理人想要建立新計畫，他會整合一項附帶預期利益和成本的資源要求，如果潛在報酬夠高，計畫就會獲得資金。

在獲得充分理解的情況中，業務個案運作良好，在預測成本和利益上也會有合理程度的確定性。問題在於，有些策略計畫會將一家公司推進陌生的領域。這些投資需要極為不同的決策流程，也就是涉及在沒有明確的獲利流入情況之下，投注資金進行市場實驗的流程。

在個人電腦、行動電話和網際網路發展初期，我曾和許多龍頭科技公司合作。這些如今都很龐大的市場，當時規模相當小而且前景不明確，在嚴格、傳統的業務專案流程中，探索這些市場或學習如何加速開發的投資，很難通過審核。於是，在許多情況中，新競爭者從這些傳統業者手中搶走了龐大的市占率。

九、沒有危機，公司是不會想改變的啦？錯！拿這本書給你主管看。

危機之前的重大改變，是高階經理人可能會遇到最具挑戰的問題之一。重新設定一家公司營運的基本方式，所需要的管理流程，和日常商業改善的流程完全不同，許多澈底提高利潤的計畫需要重大改變。

有效管理大規模改變的方法，可以從成功企業的經驗中獲得，也可和科學理論發展一樣，在看似無關的領域觀察變革管理中得到。

危機前的成功變革管理有四個基礎：

第一，高階經理人必須提出清楚的證據，證明如果沒有改變，危機就會發生。

第二，經理人必須清楚了解「成功」長什麼樣子，因爲一家公司只會朝向具體、詳細、可信的新經營之道，以解決舊問題並且創造新優勢。策略性的投資，像是探索和證明新營運方式的有限規模展示，會非常有效。

第三，高階經理人必須支持變革的需要，還有新營運方式的效用。

第四，就像攀登高山一樣，組織在變革過程中需要一個基地營，這些基地營讓變革容易處理，讓經理人能夠適應新的行事方式，並且讓組織的不同單位能夠跟上變革的步調。

即使在這種情況下，大規模改變絕非是線性的，組織可能會一度抗拒改變，接著突然向前傾斜，因爲有關鍵多數的經理人改變了態度，並且互相影響。之後它將會暫時保持靜止不動，接著再蹣跚前進。這就是爲什麼經過周詳思量打造的基地營，對管理重大改變會如此重要。

十、對的事，繼續做下去就對了？錯，對的事未必最好。

「東西沒壞，就不必修」是最糟糕的管理想法。表現平平的企業經常自滿、自我感覺良好，這也是爲什麼他們一直處於落後、爬不上來。**龍頭企業表現卓越，因為不論他們有多好，都渴望變得更好**。卓越的經理人領先時，反而更會踩油門加速前進。

成功的管理會強化公司，龍頭企業不只是尋求改變，也會讓自家經理人適應經常性的改變，並且成爲管理持續性改變的專家。這樣的環境吸引創意、遵守紀律的經理人，共同創造一個良性循環。他們越是改變，就越能夠改變，而且會越常做改變。

落後的公司可以成爲領導者嗎？當然可以，但這需要高階管理團隊的多方領導，以及在危機之前，爲大規模改變擬定一項明確界定、紀律分明的計畫。請注意，這不是持續性的改善，而是相當具有破壞性的不連續改變。

每一家公司都有尙未釋出的龐大潛力，也就是提高獲利、加速成長、重新改變的潛力。發揮這種潛力的關鍵，在於每一位經理人、特別是高層經理人能否掌握精確思考以及商業原則。

以上這十項商業迷思不是完全錯誤，只是不夠精確，可能會誤導人，因此才讓一家又一家的公司綁手綁腳，發揮不出該有的潛力。如果你釐清這些商業迷思，更可以有效發展系統、持續改善獲利的計畫，你的公司經營起來會比別人省力許多。

獲利的魔鬼在這裡

1. 有太多工作做得很辛苦，後來卻變得毫無成效、甚至產生反效果，是因為經理人對於那項專案或計畫的假設和目標，思考得不夠周詳。我和曾經教過的學生以及各產業的經理人合作逾二十年，一再看到這種情況。
2. 商業計畫背後最重要的假設中，有許多項讓人誤以為正確無誤，但事實上，它們會導致錯誤的結論和行動。這是我在麻省理工學院傳授的主題之一，你著手進行一項專案時，花時間搞清楚真正的問題是什麼，非常重要。
3. 你可以訓練自己，在一項重大專案一開始時弄清楚事情，方法是用心思考本章的商業迷思，並對照你公司裡的情況。這很快就成為更清楚觀察自身業務的方法，讓你能夠變得更有生產力。
4. 釐清迷思有多重要？本章概述的商業迷思涉及了三〇%到四〇%的利潤改善機會，這就是本章的主題，花時間清楚思考事情，會讓你事半功倍。

接下來你要注意……

這些迷思是怎麼產生的？爲什麼有這麼多公司有這麼多隱性虧損？下一章會告訴你，我們如何從一個商業時代走向下一個商業時代，處於這個轉型時期，所有的遊戲規則正在改變。

第三章　精確的市場，細節裡抓魔鬼

我們已經進入新商業時代。

這表示我們開始經歷的改變，和首次馬路鋪設、地方市場開始結合，以及大眾市場首次開發時所發生的改變，一樣深刻，我將這個新時代稱爲精確市場時代。

李察・泰德羅（Richard Tedlow）在《美國大眾營銷史話》（*New and Improved: The Story of Mass Marketing in America*）一書中，追溯了大約一世紀前，從尚未成形的區域市場發展到大眾市場的轉型時期。他描述西爾斯百貨（Sears）之類的公司如何集中需求，將供應標準化，並且壓低製造和配銷成本。

到了二十世紀中期時，大眾市場已經蓬勃發展，它的次要市場（或稱市場區隔）擴大到足以支撐效率規模生產和市場開發的地步。這些市場區隔以人口統計學和消費心態學（例如，兒童專用阿斯匹靈、慢跑鞋）來界定，因此，以大眾市場爲訴求的公司調整或區隔本身的產品，以某種「主旋律 vs. 變奏」策略來配合這些市場（爲簡單起見，我將較早期的大眾市場和這些大型區隔市場統稱爲大眾市場）。

大眾市場的興起，爲社會創造了重大利益，同時形成了日前企業管理方式的主要典範。

上述提到的一切正在改變，本書將會引導你在這個新時代轉型，讓你成功的管理你的公司。如今，**創造價值的核心，已經從「產品創新」，轉移到以客戶管理和供應鏈管理為中心的「客戶關係創新」**。這項轉移正加快速度，現今很多企業同時存在於兩個世界中，他們的經理人正努力進行轉型，製造業者和服務業者都是如此。

通用食品（General Foods）後來與卡夫食品（Kraft Foods）合併，不過，通用食品在全盛期堪稱大眾市場的典範，以標準的方式，將產品創新轉化爲可重複操作驗證的知識，配銷產品到廣大、同質的市場和較小的市場區塊。

戴爾（Dell）從二線公司崛起爲龍頭個人電腦製造商，象徵著正在興起的精確市場時代。在這個關鍵時期，戴爾開始慎選客戶將每一項交易個人化，實踐「有什麼就賣什麼」的方式，確實辦到每分每秒定價都不一樣。

「一體適用」的供應鏈，害你成過去式

這個市場變動的分水嶺事件，是發生在大約十年前，寶鹼（P&G）與沃爾瑪百貨（Wal-Mart）發展的新合作關係。

在此之前，寶鹼是類似通用食品公司的傳統大眾行銷業者；但是寶鹼針對沃爾瑪改變策略：不再以「你是你、我是我」的制式方法來供貨給沃爾瑪，而是將焦點放在建立雙方的供應

鏈流程（例如供應商管理的庫存），好讓沃爾瑪因寶鹼產品而獲利。而沃爾瑪獲利大增，更讓寶鹼對沃爾瑪的銷售、公司整體的利潤一飛沖天，套句寶鹼某位副總裁所說的：「沃爾瑪財務長變成我們的主客戶。」同時，寶鹼不再直接供貨給許多小型客戶，轉而選擇設立主要配銷商。「一體適用」的做法就此結束。

這裡我要提個「進攻終點」（offensive terminal point）的概念，這原來是個軍事策略，指的是一支軍隊攻入敵人陣營越深、軍隊越能把軍力集中，穿透戰場的距離就越長。

寶鹼過去是典型的大眾市場行銷者，它跟客戶接觸點非常廣泛，因此它的進攻終點（公司對公司供應鏈）非常淺。但是在現今這個新時代，身為精確行銷業者，寶鹼謹慎管理客戶關係，例如和沃爾瑪等新客戶發展出非常深的進攻終點，卻和其他客戶發展較為制式的一般關係，有一些情況甚至切斷直接往來。

這種選擇、管理與不同客戶之間的各種關係發展的流程，表現了精確市場時代的特徵。

• 市場哪裡變了？為什麼？

從大眾市場到精確市場，這種轉變在許多方面清楚顯示出來，我們會發現：

⊙競爭由產品導向轉為客戶導向；

⊙從產品創新轉為客戶管理和供應鏈創新（包括相關服務）；

⊙從鎖定廣泛市場轉爲鎖定精確客戶；
⊙從以定期預算和規畫配合來區分功能性部門，轉向以重疊職務、持續性配合來進行功能整合。

我認爲，以下幾個關鍵是推動了市場變動的原因：

⊙像沃爾瑪這類尋求增加利潤的成熟、複雜的客戶，已開始對供應商施加壓力；
⊙各個產業競爭更激烈；
⊙各通路對內、對外都已建立精密的資訊科技功能；
⊙許多通路發展了精密的供應鏈管理功能；
⊙強大的海外競爭壓力，迫使國內業者透過服務創新，找出新的競爭優勢。

行銷別只辦活動，要顧利潤

在這個新興的精確市場時代中，幾乎每家公司顯然會有管理大眾市場的問題，打個比方：在獲利低微的商業海洋中，其實浮出了一些高獲利的島嶼。

以大眾市場爲訴求的傳統管理典範，是這個問題的根源。產品在一個市場或較小的市場區塊內，做到相當標準化，所有的客戶受到同樣的待遇。各個功能性部門中的經理人，像是業務、行銷和供應鏈管理等，大都分開獨立，只有透過公司的規畫和預算週期來連結。績效資訊是根據部門界線來收集，像是客戶和產品營業額、品項收益和配銷成本。所有的銷售收入都被同等看待。

在這個前提下，關於實質客戶利潤、產品利潤、訂單利潤和供應鏈產能（投資資本報酬）等細節資訊，既未被收集也未被分析，因此，以任何標準來衡量，幾乎每一家公司的業務都有極大部分不賺錢。業務中的一小部分，通常貢獻遠超出百分之百企業公布的利潤，但這些利潤有極大部分都用來彌公司的隱性虧損——不賺錢的業務所導致的虧損。

•傳統4P還得再加1P

大眾市場時代的行銷核心，是每一個人在初級行銷課程中，學到的行銷決策四變數4P，這四個P分別是：產品（Product）、地點（Place）、促銷（Promotion）和價格（Price）。

這其中遺漏了什麼？利潤（Profitability），也就是我所謂的「第五個P」。

4P心態要爲目前每家企業的利潤大雜燴模式負責，它單純的假設，如果4P設定正確，最大利潤自然就會從天而降。這個假設完全錯誤。

在精確市場時代，公司不論在銷售和利潤方面，都必須在企業內部以及供應商、客戶之間，找出隱藏起來的細節，好讓獲利最大化。

第五個P代表管理需求，像是選擇符合本身營運能力的客戶、透過增加客戶投資報酬的能力，使自己的公司與眾不同，並且發展出同時爲自己和客戶降低成本、增加銷售的供應商管理庫存等服務。

這有何重大的利害關係？是利潤和市占率上的重大收益。如今，大部分客戶將供應商成員減少四〇%到六〇%，甚至更多。一家公司有沒有能力改善客戶內部獲利，決定了是否得到增加的市占率，還是只能輸給競爭對手。

•「我們一向都這麼做」不該是藉口

關鍵問題來了：既然每一個人都同意，自家公司的獲利模式有問題，爲什麼採取行動的公司會這麼少？

答案在於，在心照不宣的層次，大眾市場管理典範是目前主要的管理典範，它是所謂的「我們一向都這麼做」(the way we do business)。只要這個典範在，經理人就沒辦法推動有意義的全面性改變。

我記得我在有篇關於「典範移轉所構成的挑戰」的文章中表示（第二十六章是以此爲基礎寫成），許多有價值的變革方案遇到「我們一向都這麼做」的阻礙。這意味著如果與基本的管理典範相衝突，即使是卓越的方案也會困難重重，此外，要做出建設性改變，最有效的方式是把現有的典範說清楚講明白，同時提出更好的替代方式。

在專欄出刊後的幾小時內，我接到讀者大量、正面的郵件回應，許多人分享他們的經驗，沒有人表示異議，這篇文章顯然戳到他們的痛處。

想出頭，得懂三件事

身處精確市場時代，新管理典範要求經理人必須擅長三件事：客戶管理、供應鏈管理和變革管理。

他們必須能夠審視客戶和市場，以發展出針對不同客戶以及市場區隔的不同關係路線圖。除了有這個路線圖外，不同功能領域的經理人還必須擅長合作，並選擇和發展與適當客戶的適當關係。

一家公司的各部門經理人面對自己公司內部和客戶時，必須有相同的焦點，也得具備絕佳的變革管理技巧，跨部門協調必須不間斷的進行，而且必須具備在功能及責任重疊的特徵。

每個功能性領域都必須擴充自己的職務，並且增加部門之間的協調。例如，業務員和客戶經理必須主動使用供應鏈創新，以發展客戶關係和增加穿透率。行銷經理必須發展客戶關係移轉路徑（步驟式的規畫進程，其中涵蓋對新客戶銷售一套初期的產品與服務、後來銷售較廣泛的產品組合，以及最後銷售完整的組合），以加深業務和增加本身在目標客戶上的利潤。

此外，他們必須重訂本身的市場區隔標準（用來把類似客戶分到同一組），把客戶潛力、營運整合能力、變革準備程度等因素結合在一起，並呈現出來。供應鏈經理人必須從消極的成本控制，轉移到積極的供應鏈產能，供應鏈產能涉及與同事合作，以充分提高公司資產的獲利能力。

精確市場是關於商業的新思考方式：行銷很重要，但不是全部。這項改變很深遠，需要心胸開放的創新經理人，以及新的協調流程，還不能因而影響了內部效率。

當眞有人可以辦到嗎？當然。很多領先企業的經理人就正在這麼做。

• 你要成為哪種人？

當企業與最重要的客戶發展更深入和相互連結的關係，並且更有選擇性的操作精良的利潤槓桿時，有個疑問總是會跑出來：我們是在原本的生意之外增加新的東西，或者，這就是原來在做的生意？

這種情況發生時（它肯定會發生），你就是碰上了典範移轉。

有些經理人會找理由抗拒改變：情況太複雜，看不到路徑；變動的部分太多，無法管理；失敗的風險太高；讓人改變太難；其他地方有太多事情在進行，沒空理會這事。由這樣的經理人執行，計畫肯定會失敗。

相對的，不這麼想的經理人可以很快走進新的管理典範，在公司內部和延伸的供應鏈中，與相關人員合作創新，表現卓越。如果你選擇成爲這種經理人，你可以帶著自信和成功走進精確市場時代。

獲利的魔鬼在這裡

1. 我們正進入商業上的新時代，從大眾市場商業體系，轉移到經理人需要謹慎打造特定類型客户關係，並且精確的將自己與特定類型客户搭配的商業體系。這個變動就是為什麼幾乎每一家公司都有大多數業務虧損、少部分業績扛獲利的特徵。
2. 我們所有的商業流程和措施，幾乎全都是在先前的時代發展出來的，因此，我們需要新的管理方式，才能在未來成功。我會解釋這項新的管理方法，並且告訴你如何建立新流程。
3. 有家龍頭企業改用這種新的管理方式，如今在銷售和利潤上已經提升三〇%到四〇%。想想這對帶頭經理人的職涯所產生的影響。
4. 新管理方式比起舊管理方式既不會更困難，也不會更耗時，但是它需要對你的業務採取不同的思考方式。這為活力和創意十足的經理人製造了龐大的新領導機會。
5. 記住：第五個P代表利潤！

接下來你要注意……

前兩章提供新利潤管理機會的概觀，本章說明，它現在爲什麼對於經理人既是個難題，卻又是個千載難逢的機會。下一章我會告訴你，該如何打造利潤管理穩固的基礎——這個基礎根植於實際客戶價值、策略焦點和競爭差異化。

第四章　公司有策略嗎？大家知道嗎？

馬克・吐溫（Mark Twain）的作家朋友查爾斯・杜德利・華納（Charles Dudley Warner）評論：「每個人都抱怨天氣，但是沒有人對這件事採取任何行動。」談到許多公司的策略時，同樣一句話也適用。

我在麻省理工學院高階主管計畫中提出策略的議題時，這件事很快得到證明：每位主管都參與策略擬定；可是，很多經理人不太了解策略是什麼，也不明白策略爲什麼如此重要。

策略是所有利潤方案的基礎，如果策略的基礎穩固而且周密，經理人就有機會發展出能產生強大、一致性利潤的高效能方案，但如果基礎有缺陷，即使是架構最好的方案也會失敗。

在我的經驗中，策略有三個核心原則，若你能搞懂，你成功的機率就會很高，策略就是：

1. 總想著替客戶創造價值。
2. 哪些事情你不做。
3. 你最拿手的是什麼。

策略就是：總想著替客戶創造價值

想想這句老話說：「公司的存在，就是為了服務客戶。」令人不可思議的是，卻有很多公司的策略幾乎把焦點全都集中在「自己」身上，將客戶視為理所當然、不請自來。

通常，我們都很有默契的假定，客戶需求是靜態和明明白白的，因此關鍵的商業問題是將流程最佳化，以滿足這些需求。

這項假設是商業策略的核心錯誤之一。策略發展的起點，必須深入了解客戶眞實的商業需求，以此發展滿足這些需求的創新方法，爲客戶創造價值。

客戶需求是一個移動的標靶，這可能是大部分公司最重要而且被忽略的策略要素。把你的策略焦點，從盡量滿足既有客戶的需求，改成與客戶合作識別和滿足新的需求，就可以澈底改善你的定位和前景。

這是奇異（GE）的飛機引擎事業從分開銷售引擎、零件和服務，轉向以統一價格銷售「依飛航時數維護」（power by the hour）全方位服務時，所採取的做法。這爲航空公司製造了重大的好處，他們可以把成本與營收統合得更好。

藉由將價值創造領域轉向客戶內部，奇異的飛機引擎事業群重新定義它的業務，澈底改善自己的競爭定位，因此大幅增加它的持續獲利。只要提供客戶更多價值，你就有更多獲取價值的機會。

更重要的是，**為客戶提供創新，常常會長期產生高利潤和競爭優勢**。成功的客戶創新有兩個條件：一是需要深入的了解客戶；二是能夠在關鍵客戶的內部引導改變。這項變革管理能力透過客戶知識和客戶信任，製造了龐大的市場進入障礙，競爭者或許能夠複製產品創新，可是，如果其中一家公司是以密不可分的商業流程，來建立深厚且有生產力的關係，進而掌握關鍵顧客，那麼其他的競爭對手很難取而代之。

記住，客戶需要的，通常與他們想要的極爲不同，這就是爲什麼你不能指望訪談過客戶，就得到有意義的答案。

策略就是：哪些事情你不做！

過去二十年，我評估過許多公司策略，其中許多策略的明確目標是建立一套方案，以掌握市場每個角落的所有客戶（包括潛在客戶）。在公司內，不同經理人負責管理這些客戶，每一位經理人都要面臨不斷增加的業績目標。

這種制度不但不切實際，而且會起反作用。策略這時候就相當重要，可以讓公司的管理團隊把兩件事做得相當好：不但讓公司專注於市場中的「最佳點」（sweet spot，原意指高爾夫球中打擊點最佳的球點，球會飛得較遠），也讓公司所有的功能性部門配合，去達到和取得上述的那塊市場。

因此，高績效公司的策略兼具了聚焦（focus）和讓各部門能配合（alignment），一家卓越公司的本質，是獲得最高「每平方英寸磅數」（pounds per square inch）的市場力量。例如西南航空公司（Southwest Airlines）、優比速（UPS）和四季飯店（Four Seasons Hotels），他們把這件事做得非常好。

如果公司嘗試把每一件事、每一個人都看得一樣重要，就不可能得到聚焦和配合。許多經理人很本能的被這種起反作用的目標吸引，因爲他們不想拒絕任何可能的生意。諷刺的是，就是這種態度，讓公司績效低於水準。

經理人只有在願意而且能夠明確、清楚的判斷什麼事情超過界限時，才能夠擬定致勝的策略。試想你公司銷售薪酬制度的設計目的，是要你的業務員把什麼項目最大化？是營收？有可能。還是毛利？或許。如果所有的營業額都沒有差別，你根本沒有策略可言。

所以，增加營運或供應鏈產能的頭號方法，不只是充分做好現在進來的生意，而是管理銷售系統，以帶進能配合營運和供應鏈的業務。這樣做會使產能增加三〇％到五〇％，而非只是將現有流程最佳化所帶來的一〇％到一五％增幅。

此外，增加銷售最快和最有效的方式，是和你最好的客戶合作，透過創新的公司間營運，澈底改善獲利。

我再說一次策略聚焦的重要，這樣的策略具有明確目標、限制條件，全公司都可以了解。如此一來，策略不但帶領全公司協調一致，還讓公司精準的命中目標市場。

策略就是：你最拿手的是什麼？

這個核心原則看起來太明顯，在這裡提起似乎多此一舉。**但令人驚訝的是，幾乎沒有公司認真看待它**。

每個人都知道，如果你沒有在某方面做到最強，就會有高手打敗你。很多公司都有這樣的情況，爲什麼？

答案就在本章的前幾段。許多經理人不甘願放棄任何商機，因此無法做出該做的選擇。他們沒辦法取捨。

相反的，他們把擴展市場的資源（用來吸引公司客戶的資源，包括公司的銷售人員、廣告、促銷和供應鏈互相配合）浪費在不明確的客戶／產品／服務基礎上，並且未能在任何一個領域拿下夠分量的市場。因爲上門的生意種類太多，以至於沒辦法把營運和供應鏈聚焦，進而大幅改善生產力、加速銷售成長。

這全都可以歸結到策略的核心：聚焦和配合。

企業如果掉入「服務每一個顧客都要面面俱到」的陷阱，就不可能專注於最擅長的事。這會造成惡性循環。

當某個焦點更明確的競爭對手奪走某個領域的生意時，被奪走生意的公司會嘗試加強該領域的能力，以重新奪回業務。短時間後，如果另一個目標明確的競爭對手又來搶生意，公司會再度花費資源，嘗試扭轉局面。

很快的，公司爲了抵抗一連串擁有更明確目標的競爭對手疲於奔命，甚至不惜花費所有的資源。一次又一次，業務員被要求要仰賴銷售來擺脫困境，營運經理人被迫將其作業局限於他們失去重要能力的地方。在最後階段，公司的市占率、利潤和資源消失無蹤，經理人卻不知道發生了什麼事。

由於未能聚焦和使公司各部門有效配合，這些經理人喪失了把某件事做得最好的機會，因而製造出一個麻煩：比他們更能聚焦的競爭對手出現，而且有計畫的超越他們。

策略對了，錢自己流進來

沃爾瑪的策略發展頗值得參考。一開始，沃爾瑪的策略重心放在美國南部、中西部人口大約五萬到十萬的小城鎮，在那裡尋找分店地點。沃爾瑪在這些地點以量販折扣商店的方式，取代當地的家庭式商店，沒有留下太多生意機會給別人，打消別家競爭折扣商店進駐的念頭。

在這些地點，沃爾瑪擅於提供清楚和獨有的客戶服務價值：「天天都便宜的價格」，這點對於收入較低的小城鎮居民而言非常重要。此外，沃爾瑪的經理人也了解哪些地點不適合成爲分店據點（例如一些較大的城市），因而將公司資源集中在擁有明顯優勢市場的小城鎮。

沃爾瑪等到分店數增加到達關鍵多數之後，開始進入第二階段。在這個階段，注意力放在越來越多的大量業務，開發極有效率的供應鏈。這使得沃爾瑪能夠更進一步降低成本，並且以更低的價格提供客戶優質商品。

有了這個新開發的供應鏈成本優勢，沃爾瑪可以在價格上擊敗其他零售商，同時創造新的方法，使得他們能夠提供最佳客戶價值和便利性。這項動力讓沃爾瑪能夠取代其他折扣商，並且將它的涵蓋區域擴充到許多新地點。

到了第三階段，沃爾瑪的超級營業額使它一躍成爲主要供應商的最佳夥伴，這促成一組高效率供應商營運夥伴關係（customer operating partnership），大幅降低沃爾瑪的成本，運作更有彈性。透過這個流程，沃爾瑪擴大領先同業的幅度，同時獲得龐大利潤。

獲利的魔鬼在這裡

1. 重點全都是關於客户價值。本書的許多章，特別是第二部和第三部的章節，告訴你如何推展、創造客户價值。記住，你創造的價值越多，你就有本錢賣得比別人貴、客户的荷包占有率就會越高。
2. 要往兩個方向想你公司的策略：第一是將公司的焦點集中在市場的最佳點；第二則是讓公司各功能性部門配合，以達成這項目標。
3. 公司的銷售薪酬制度有正確的傳達給業務員嗎？如果制度是所有的營業額都同樣值得爭取，很難讓全公司聚焦並且配合。這是目前大部分公司嚴重的問題，也是生產力和利潤改善最大的槓桿之一。

4. 你必須找到最拿手的某件事，如果沒有，某個更勝一籌的人將會打敗你。我的意思是，你必須捨棄不適合的生意，你得擁有清晰的思路、對本身信念的勇氣。卓越的企業很清楚知道哪些生意適合做，而且擁有適用於他們策略焦點、緊密配合的商業模式。

5. 同樣的原則也適用於你的職涯。好好想想這件事情。

接下來你要注意……

到目前爲止，我們已經檢視隱性虧損和加以扭轉的機會，也了解現在這種問題爲什麼會產生。我們也學習到如何爲利潤管理建立穩固的策略基礎。下一章解釋，一家著名的全美卡車公司，如何成功的發展出強大的利潤管理制度，澈底改變了跟客戶的關係，讓績效一飛沖天。

第五章　哪些客戶不要也罷？

今天試著做這件事：找你公司主要部門（銷售、營運等）的經理人，花個三十分鐘，請每個人寫下五家不該繼續往來的客戶、五項應該停止銷售的產品，以及五項不該提供的服務。

許多公司會驚訝的發現，大家明明是同事，不同經理人的清單內容卻差異很大，大到外部人士會以爲他們是不同公司的。爲什麼？

因爲大部分公司沒有每天管理利潤——協助銷售和營運，充分提高利潤。因此，即使他們有一些高利潤的客戶，但卻有許多不賺錢的客戶、產品和交易。就如某家醫療保健公司的執行長所說的：「我們在自家公司看到相同的問題，我擔心，過度仰賴這麼小一部分的業務，會有風險。」

「哪些客戶、產品和服務不適合？」這個疑問很快就會告訴你，你的公司是否有效管理利潤，以及各個關鍵經理人的行動是否相互配合。

「適合」，包含兩個問題：什麼適合？以及適合什麼？企業必須同時做對這兩件事情，以有效管理利潤，而且它們是密切相關的。要回答「什麼適合」的問題，經理人需要用有條不紊的方法評估客戶、產品和交易；要回答「適合什麼」的問題，經理人必須聚焦於公司的商業模式（內部營運流程和公司投入市場的方法），以充分提高公司獲利潛力。

這兩個問題，可以透過一套流程、三項關鍵要素來回答：利潤地圖、利潤槓桿以及利潤管理流程。

利潤地圖顯示，哪些客戶、產品和交易符合商業模式（又有利可圖）；利潤槓桿是企業的商業模式要素，可加以調整以增進利潤、選擇和滲透更多「優良」客戶，並且將「壞」客戶變成「好」客戶。此外，利潤管理流程簡單來說，是企業用來使日常例行活動與商業模式一致的組織程序。

做對事，獲利增加一倍

讓我們看看，一家業務遍及全美的運輸公司如何把事情做對。三年前，這家公司缺乏良好的流程來管理利潤，如今獲利卻增加一倍以上。某位經理人這麼說：「現在我的銷售人員明確知道，他們要賣什麼。」

・利潤地圖

第一步，公司要有個「利潤管理團隊」（Yield Management Team），團隊成員由銷售和營運經理人組成，他們的任務是認真思考公司成本增加的原因。

利潤管理團隊是一群負責爲貨運服務定價的經理人，有次極具創意的行動中，團隊領導人決定突破傳統、狹隘的訓令，更全面的檢視促成公司利潤的所有要素。在這個流程當中，他創造了一個對這個產業而言革命性的新方法，因此被晉升爲事業單位主管（你想想看，你的公司可以善用這個方法）。

他們有重大發現——銷售部門一直在推銷個別的點對點運輸，但是眞正增加成本的是整條路線，包括回程取貨（在傳統的卡車貨運公司裡，銷售員會推銷像是從芝加哥到聖路易的卡車運輸，也就是所謂的點對點運輸，這樣公司就非得嘗試售出從聖路易到芝加哥的回程，亦即回程取貨的問題）。因此，銷售員會針對顯然會獲利的主要運輸收費，但如果回程取貨的價格太低，公司就會虧本。

團隊發展一套針對旗下路線的成本模式，他們也看到，每一個成本模式分成三部分：固定成本（一輛卡車的單日成本）、變動成本（里程數）和特殊成本（處理費等）。接著，他們將六個月來所有的交易資料整合起來成資料庫，將成本模式應用到交易上，看看哪些客戶、服務和路線有利可圖，哪些無錢可賺。

他們發現一些非常顯著賺錢的客戶（我稱這些客戶爲「利潤島」，下同），占了二〇%到三〇%的利潤。他們還很驚訝的發現，有整整四〇%的生意都不賺錢——這就是我說的，獲利的魔鬼，就躲在細節裡。

•利潤槓桿

利潤管理團隊分析利潤時，公司正極力推動全面降低成本，但這樣做還不夠。爲增加利潤，他們必須採用一些利潤槓桿。

首先，團隊積極的留住高利潤客戶，做法是確定利潤客戶能得到完美無瑕的服務，例如爲他們保留優先送貨權。

下一個槓桿是定價，這可不是提高價格就算了。過去，當公司對客戶銷售點對點運輸，業務員必須努力降價銷售回程運輸；這位客戶若取消運輸要求，業務員又得死命的找到新的去程顧客。這種做法很被動又欠缺效率。

根據新機制，團隊做了兩件事。首先，他們決定分爲固定和變動來收費。訂購卡車貨運的客戶，不論是否使用服務，都必須支付每天的固定費用；而向客戶依照哩程數收取變動費用，則反映實際的使用情況。

其次，他們在定價中考慮到預測準確性。客戶必須在一個月前預測自己的需求，如果使用率超過預期的一一〇％（產生空車回程），或是低於預期的九四％（產生去程空車），客戶就要另外付費。

這種做法將客戶和公司的關係變成分享風險和報酬的關係，並且爲雙方合作建立了強大的誘因。現在運輸公司可以預售整個路線，談到更好的價格，還能取得更好的設備利用率。這家公司提供客戶優先送貨權——這一點在年度送貨高峰期很重要——還把省下來的一些成本降價回饋給顧客。

在一連串會議中，團隊將這個概念推銷給關鍵客戶，大部分最佳客戶都發現，有穩定供應商很必要。爲進一步降低成本，公司安排與這些客戶每個月開會討論，也同意如果達到目標，就會再降價。

此外，卡車運輸公司也設法增加與這些關鍵客戶的整合（提供協調服務，接手客戶原本自己做的事情），提供像是裝載和庫存處理等服務——進一步降低客戶的成本，同時建立競爭差異化和轉換成本。

更重要的是，一位團隊經理人指出，公司「不再想做每一位上門顧客的生意」。有了這項新目標，團隊採取強硬立場，不理會沒有意願合作降低成本、還有分享風險或報酬的客戶。結果證明，這些客戶當中，有許多都回頭接受新的定價條件，因爲公司提供他們降低成本和鎖定產能的機會。

・利潤管理流程

利潤管理流程有三個關鍵：

第一，利潤管理團隊繼續定期檢視客戶和服務的利潤，確定利潤管理已建置到公司中。

第二，公司在客戶層次強化日常的利潤管理。之前，客戶管理主要是銷售作業，現在，高層銷售團隊設定客戶關係和價格，營運人員管理日常的客戶關係。銷售人員的產能提高，長期下來，公司的銷售人力減少了五〇%。

第三，公司利用教育訓練，將盈虧損益意識往下推展到基層人員，目標是確定一般銷售和營運人員了解利潤槓桿，而且會處理客戶關係細節，使公司充分發揮獲利潛力。

訓練課程分小組進行，每個小組有五名成員，上課採高度互動方式，有許多「如果……，你會怎麼做」的例子和測驗。在第一波，公司訓練調度員和客服人員；在第二波，他們訓練支援小組，例如請款人員。

利潤管理團隊的一位經理人說明這項改變。「起初，客戶認為我是壞人，現在發現，這項改變非常有效，不好的感覺消失了。之前，客戶會議是談論漲價問題；如今，會議主題是關於降低成本。我們每次會議都是從降低成本的業務檢討開始，只有在必要時才會調整價格。」

・什麼改變了？腦筋變清楚了

這裡有什麼改變了？這些經理人有清晰的思維，能夠回答「什麼適合」和「適合什麼」這兩個關鍵問題，他們透過一個三步驟的流程做到這點。

首先，他們分析哪些客戶和服務有利可圖，哪些無利可圖，原因何在。第二，他們改變公司的商業模式，配合與客戶的關係，重新調整擬定價格和報價的方式，將焦點集中在共同降低成本（以及選擇性的降價）上，使雙方互蒙其利。第三，他們修改客戶選擇和客戶管理的方式，在提供每一位客戶每一天的每一項服務，都有新的效率。

換言之，他們將利潤管理，納入日常活動，使利潤充分發揮潛力：不做大型投資，只有明確性和卓越的管理。

獲利的魔鬼在這裡

1. 發展利潤管理計畫帶來龐大的力量，這家遍及全美國的運輸公司將利潤增加一倍，做法是根據三項關鍵要素，建立非常成功的計畫：利潤地圖、利潤槓桿和利潤管理流程。
2. 這家公司利用利潤地圖來了解自己從何處賺錢、為什麼這些「利潤島」有利可圖。接著發展一套創意的利潤槓桿，將焦點集中在與客户合作，以便共同降低成本。結果得到了客户關係中夢寐以求的「聖杯」：更低的價格和更高的利潤。
3. 這家公司不再來者不拒，而且把焦點集中在：願意和能夠合作降低成本以謀求互利的客户群。最佳客户歡迎這項計畫，雖然有些客户離開，但後來許多客户又回流。
4. 負責的經理人為基層員工擬定相當直接的教育訓練計畫，教導他們新的做法。

5. 這個利潤管理流程極具創意和效能，但是擬定起來卻相當簡單和快速。大多數的情況下，創新得有一位具有活力的創意經理人帶頭才能成。順帶一提，本章提到的經理人很快就獲得晉升，現在已經是副總裁。

接下來你要注意……

本章說明某家營運遍及全美國的運輸公司，如何將利潤管理的三項要素納入一個非常成功的業務改善計畫。下一章我會解釋，你如何快速了解，你的「利潤島」就在你的赤字瀚海中。它也會提供你實用要訣，以及識別並將行動計畫按優先順序處理的陷阱。

第六章 別急著流血接單，利潤得這樣找

獵得利潤的行動，該從你自己的「後院」開始。這本書的主旨是，在大部分公司中，有二〇%到三〇%的業務提供了大多數的利潤，而有三〇%到四〇%的客戶、產品和交易導致虧損，關鍵問題在於如何識別何者能賺錢，何者會虧損。

利潤地圖是你可以用來識別、修正無利可圖問題的核心分析工具，它讓你能夠根據利潤來集中客戶、產品、服務和交易，以評估和按優先順序處理關鍵利潤槓桿，並且將這一點具體化為具有高度影響力的行動計畫。

成功利潤地圖的重要起點，在於決定以七〇%的準確度來分析利潤。這項決定將是你的分析成敗的關鍵。有些企業花費大量時間和金錢，設立太過詳細的作業基礎成本制度。在一次又一次的會議中，經理人爲了分攤成本而爭論，常常變成專業處理。再經過沒完沒了的辯論，專案在還沒有化爲能夠影響盈虧的行動之前，就失去了實做的動力。

實際上，最重要的結果，顯然會來自以現有的最佳知識和合理的經驗法則，進行快速、明智的分析。一旦利潤的狀況浮現，顯然只需要在更好的資訊會改變一項重要行動之處，改善準

確率。畢竟，最有效益的經理人已經學到，要把焦點放在眞正影響盈虧的少數高槓桿計畫上。在下一回合的分析中，你可以開始進行下一組的改善。

建立和分析利潤地圖要花多久時間？在具有合理資料可用性的大部分企業中，由包含兩、三位使用個人電腦的經理人組成的一個小型團隊，可以在兩、三個月內完成此事，這個流程有五個步驟。

五步驟流程

一、建立利潤資料庫

首先，建立一個利潤資料庫，這需要兩樣東西：一組代表性的客戶交易訂單（寫成一行像是「藍色海綿三個，產品編號三五七二，單價六．三美金」）；以及一組適用於交易的成本。實際上，你正在爲每筆訂單建立「損益表」。

你這麼做，就可以建立既強大又詳細的公司分析。你可以依客戶和產品別來檢視公司的利潤，甚至可以依據不同的客戶來檢視特定產品的相對利潤，反之亦然。重要的是，你可以輕易的預測出改變客戶和產品組合所造成的影響，並在一套目標極爲明確的計畫中，看到改變成本會造成的影響。

想建立交易資料庫，只要選擇一個代表性的期間，或許是三、四個月，並且將交易集載入一個使用標準桌面工具的資料庫程式中。每一筆交易都應該具有能夠識別客戶和產品、產品營收和成本（產生交易的毛利）的資訊。

按照常識建立成本函數（將成本分配到訂單的系統化方式，如下所述）並不難。在建立成本函數時，一般最好使用易於衡量的變數來分配成本。舉例來說，依據交易或訂單分配營運成本，通常運作良好，因爲每一筆都需要接單和揀貨。存貨持有成本可以用經驗法則來處理，例如持有A項目兩星期，持有B項目四星期，持有C項目八星期。運輸成本可以透過根據客戶所在地（區域，接近或遠離配銷中心）的簡單決策法則來分配。如果需要業務員親自到顧客那兒接單的話，銷售費用的部分可以依據訂單來分配。其他成本同樣可以比照辦理，正確度應該可以接受。

分配包括一般經常費用在內的所有成本，是很重要的，原因有兩個：其一是在決定要保留或是改變一個重大部分時，這種做法加強了檢視整體經營成本的準則；另外則是使得分析直接連結到公司的財務報表，提供你可信度和精確的預測。

部分經理人辯稱，應該接受對支付經常費用有貢獻（即使貢獻很少）的生意，但是當你承接許多對經常費用只有些微貢獻的業務時，在幾乎所有情況中，它都會占去原本會用來增加「良好」業務的大量銷售和營運資源。此外，它會持續存在，並且發展爲拖累一家又一家公司獲利的隱性虧損。如果承接微不足道業務的根本原因，是要塡滿未經使用的產能，那麼得建立一套日落條款，規定在產能滿載時，停止承接不重要的業務，並且在擁有滿檔的生意時，將該業務移除。沒有多少公司有該有的資訊和紀律可以做到這件事。

將常識成本應用在每一筆交易上，你將會發展出含有個別交易的資料庫，每一筆交易都有它自己的營收、毛利和淨利。此時，要分析公司利潤的細節就容易了。事實上，這很像當偵探——尋找有利潤的部分、揪出無法帶來利潤的部分，並且了解如何以最實際有效的方式改變事情。

例如，資料庫可以協助預測改變客戶和產品組合有什麼影響，也可以得知改變營運和銷售流程關鍵要素的成本所造成的衝擊。前者顯示，讓公司聚焦於高利潤產品和市場區隔的影響，而後者顯示，改變商業模式，以便將「壞」客戶改變成「好」客戶的影響。

有些經理人會犯一個錯誤：採用由上而下的方式，簡單的將各種成本分配到業務中的各個部分，而非建立包含個別交易的資料庫，藉此嘗試了解公司的利潤。這種方法有兩個嚴重的問題。第一，全公司的經理會有理由質疑精確性，第二，結果太廣泛，幾乎不可能建立目標極爲明確、有效的行動計畫。重要的是，和錯誤的方法比較之下，正確的進行這項分析並不會比較困難。

二、畫出客戶的利潤地圖

在第二個步驟，選擇幾個具有代表性的個別客戶和產品，針對每個客戶和產品，把資料庫中相關的交易蒐集在一起，藉此發展一筆利潤背景資料。嘗試從每一個關鍵市場區隔中，選擇一個大客戶和一個小客戶，並且從每一個關鍵產品系列中，選擇一個動得快和一個動得慢的產品。理想上，你會有大約六到十二個代表性情況可做仔細的評估（做法請參考本章附錄）。

針對每一個客戶，有條理的檢視不同產品的利潤推動因素——營收、利潤和成本。嘗試不同的商業模式配置，例如改變訂貨週期、銷售流程，或是服務間隔。查看定價，包括價格水準和價格機制。變更產品組合並且發展替代計畫，也可以爲增進利潤提供寶貴的槓桿。記住，你的利潤地圖能幫助你，把特定方案對準特定的客戶和產品組合，讓你的公司不再需要訴諸「一體適用」政策（前一章提供了一家運輸公司如何做這件事的例子；若要看成功的配銷商如何做到這點，請參閱第十二章〈改善流程，多賺五成〉）。

本書後續篇章會說明利潤槓桿。當你找到有效的利潤槓桿後，檢視其他一些類似的客戶，確定你的研究結果能適用於普遍的狀況。

用有代表性的客戶建立關鍵的利潤槓桿效果模式，特別有效，理由有三：一，直覺上會清楚知道，業務模式的哪些要素（例如銷售流程）可以改變以及會有什麼影響；你二，你其實可以拜訪客戶，了解他們對潛在改變會有什麼反應；三，你對同事提出方案時，使用具體範例解釋改變，會比較容易。

三、對照到整個業務

再看看整個業務。因爲你在上一個步驟建立代表性客戶和產品的模式，你可以把發現的結果，對照你業務中對應的部分。這能讓你看到顯著的利潤和虧損分布在哪些地方，以及進行你在模式中發現的有效改變，對利潤會產生什麼影響。當你將改變的困難度和時機納入考量時，你就擁有行動計畫的必要部分。

四、建立行動計畫

在第四個步驟，識別你公司可以很快採用的少數高成效行動。我將這一點想成是「看到的風景和花費工夫比率」。當我的孩子還小時，我經常帶他們到新罕普夏州遠足，他們抱怨爬上坡很累，但是喜歡最後看到的景觀，所以時常會依據「看到的風景和花費工夫比率」，來爲遠足評分。這在管理變革上是非常實用的概念。

首先要快速行動，以確保業務裡高利潤的部分。你一旦完成這一點，就要將資源集中於取得更多這類業務。直到那時才建立流程，以便增進業務中邊際利潤。

該拿不賺錢的客戶怎麼辦呢？對於推掉不賺錢的生意或客戶，某大型服務業公司的執行長曾這麼說：

在推掉（不賺錢的生意或客戶）之前，我們公司的做法是，讓他們選擇是要支付更高的價錢，還是修正利潤槓桿。我們知道利潤逐漸受到侵蝕，透過分析，我們發現正在虧損的業務部分，同時讓我們能夠判斷，需要做什麼樣的改變，才能夠產生滿意的報酬。根本問題不在於定價，而在於訂單模式、訂單大小，以及交貨要求。在終止該部分的業務之前，我們告訴客戶我們需要什麼，才能繼續對他們提供服務。令人興奮的是，待他們同意改變，我們的獲利在六個月內出現重大進展！

在努力改善其他不賺錢的業務之後，你可以開始逐步淘汰你無法改善的部分。做這件事的方法，是**將你的價格提高到能獲利的水準**，公司裡一定有些人會覺得不妥，但是你要專注在重要的有利層面，重新鎖定二〇%到四〇%的銷售人力和營運資源，積極擴充你的高利潤業務。當價格較高的生意開始滾滾而來，一開始的阻力很快就會消失。

五、將利潤地圖制度化

最後，設定至少每六個月重複做利潤地圖分析。一旦建立了分析，後續階段就會進行得非常快速。流程本身會帶來團隊合作，也會變成所有經理看待業務的新方式。同時，將利潤地圖納入你的新客戶資格確認流程，當你的利潤改善時，新機會就會不斷產生，你變得越好，就能得到越好的成果。

在第四步驟中提到的執行長，回想他的利潤地圖經驗：「財務系統通常不會有你需要的資訊，如果有的話，問題老早就已經解決了。要真正具備效能，你需要成立一個了解企業運作方式的跨功能部門團隊，讓財務資訊轉化成可以透過分析促成行動的管理資訊。」

獲利的魔鬼在這裡

1. 要了解你的「利潤島」在哪裡、大幅提升公司利潤，需要由兩、三位經理人花幾個月時間思考。難道你不該是其中一位經理人嗎？
2. 一如大部分的商業分析，在這個流程中，成功的重要關鍵是以七〇%的準確率來運作。這會讓你得到繼續前進所需要的答案，而且會讓你避免為了不會改變任何行動的雞毛蒜皮小事和人不斷爭論。一旦確定方向，你就可以做好準備進行改善。
3. 在你的分析中使用交易資料庫。它會十分詳細的提供你擬定目標明確的政策和方案所需要的答案，這種由上而下的方法不會提供你實用的答案，而且正確做好分析不會比做錯分析還難。
4. 塑造少數真正的代表性客户和產品。這樣一來，你就可以帶同事拜訪客户，看看客户為什麼會做現在正在做的事情。你也可以探索他們對你提議的改變接受度如何，記住：大部分能改善你公司獲利的變動，也會改善客户的獲利。

5. 一旦完成第一階段的利潤地圖，要每隔六個月就重複進行這項流程。第一階段過後，做事就會相當容易，你會繼續找到改善公司利潤的新方法。

接下來你要注意……

本章解釋如何使用利潤地圖來尋找業務中潛藏的獲利，並且提供你擬定按優先順序處理的行動計畫流程。接下來兩章提供另外兩個例子，來說明企業有效管理以增進利潤的情況。這一部的最後兩章說明財務長在流程中的角色，也告訴你，爲什麼不景氣時，反而是可以積極行動的大好機會。

附錄：利潤地圖範例

以下是一個利潤地圖範例，資料來源是一家眞實的公司，但部分資料有所保留。表6-1顯示整體概觀，其中附有四家重點客戶的摘要。表6-2至表6-5分別呈現四家客戶的詳細資料。我會帶你走一遍這家公司和A客戶的利潤地圖。

本例顯示了營收、毛利（GP，包含減去產品成本的營收）和淨利（毛利減去供應鏈和銷售成本，但是在攤銷公司經常費用之前），另外也顯示供應鏈成本結構中的一些關鍵要素，以便讓你在細節上感受到利潤地圖的威力（可能也會針對銷售成本結構的關鍵要素，顯示類似的細節）。

我們從下頁表6-1看到，四家客戶總計爲這家公司帶來大約十五萬三千美元的淨利，但是每一家客戶個別的淨利差異很大。A客戶是相當賺錢的超大客戶、B客戶是略有利潤的小型客戶、C客戶是不太能創造利潤的中型客戶，而D客戶是非常不賺錢的大型客戶。我們可以很快看到，十五萬三千美元的總淨利包含了一些非常賺錢的項目，也包含一些非常不賺錢的項目。

第七十八頁表6-2是這家公司與A客戶之間更詳細的業務明細，公司對A客戶的整體銷售分成四個象限，每一個象限反映了售出產品的特色：A象限指低價的大量產品、B象限指低價的少量產品、C象限指高價的大量產品、D象限指高價的少量產品（由於這項分析是從所有公司的交易或訂單資料庫建立的，所以很容易依照產品系列，或是持續購買vs.偶爾購買的產品，來檢視銷售給A客戶的產品）。

表6-1　某公司四家重點客戶摘要表

	總計	A客戶	B客戶	C客戶	D客戶
銷售額	$26,276,445	$15,384,933	$689,944	$2,275,739	$7,925,829
產品庫存單位	11,646	5,823	737	977	4,109
生產線數	148,190	74,095	2,499	60,306	11,290
平均庫存金額	$15,698,014	$7,849,007	$377,020	$499,668	$6,972,319
庫存量	1,857,186	928,593	17,785	871,323	39,485
預估毛利	$4,138,054	$2,427,804	$94,056	$714,637	$901,557
預估毛利／銷售額	16%	16%	14%	31%	11%
單位／生產線	13	13	7	14	3
金額／單位	$14	$17	$39	$3	$201
金額／生產線	$177	$208	$276	$38	$702
毛利／生產線	$28	$33	$38	$12	$80
毛利／存貨金額	$0.26	$0.31	$0.25	$1.43	$0.13
預估淨利	$153,262	$435,408	$10,014	$(23,679)	$(268,481)
預估淨利／銷售額	1%	3%	1%	-1%	-3%

*預估淨利是供應鏈成本和銷售成本淨得，但是在攤銷企業經常費用之前（表6-2～6-5亦同）。

由表6-1我們可以知道，A客戶整體上極有利潤，在淨利上貢獻了超過四十三萬五千美元，不過從表6-2更詳細的象限圖顯示，A、C兩個象限的產品帶來大約一百三十二萬五千美元淨利，而B、D兩個象限的產品則有大約八十九萬美元的虧損。你可能從中看到改善獲利的機會，這在很賺錢的大客戶內部改善更是如此。

我們進一步來看下頁表6-2的A象限（這家公司賣給A客戶的低價、大量產品），這個象限可說是個大贏家（我敢打賭，在這個象限中也有出奇多帶來虧損的產品）。它占了公司對A客戶產品銷售量的大約二七%（4,105,542÷15,384,933），但卻貢獻四三%的毛利（1,054,068÷2,427,804），以及整體淨利的二一七%（944,632÷435,408）。

再仔細分析，每一筆訂單的毛利是驚人的一千一百四十四美元，通常揀貨、包裝和運送每筆訂單的成本，大約是十到十五美元（這項成本由毛利吸收）。每一塊錢存貨所產生的毛利是一．五九美元，顯示出非常強大的資產產能。

在此特別說明，庫存衡量標準有七〇%的正確率。使用本章所說的技巧來估算專用來支援這項銷售組合（而非只是該公司一般銷售組合）的庫存。記住，A象限只包含低價產品。比較合理的推測是，這個象限多是非常穩定、容易預測的訂單，因此需要極少的安全存貨，供應鏈成本和銷售成本低，因而產生許多淨利。

接下來將A象限的分析結果與B象限（A公司賣給A客戶的低價、少量產品）對照。B象限對獲利是一大累贅，淨虧損大約為八十三萬美元。然而，如果從銷售額來看，B象限的產品占

表6-2　客戶 A

數量		價格：低			價格：高		
高		**A象限**		**銷售額%**	**C象限**		**銷售額%**
		銷售總額	$4,105,542	100%	銷售總額	$1,340,170	100%
		產品庫存單位	347		產品庫存單位	4	
		生產線數	921		生產線數	31	
		平均庫存金額	$662,032		平均庫存金額	$243,162	
		庫存量	52,045		庫存量	755	
		預估毛利	$1,054,068	26%	預估毛利	$416,756	31%
		單位／生產線	57		單位／生產線	24	
		金額／單位	$79		金額／單位	$1,775	
		金額／生產線	$4,458		金額／生產線	$43,231	
		毛利／生產線	$1,144		毛利／生產線	$13,444	
		毛利／存貨金額	$1.59		毛利／存貨金額	$1.71	
		預估淨利	$944,632	23%	預估淨利	$379,941	28%
低		**B象限**		**銷售額%**	**D象限**		**銷售額%**
		銷售總額	$4,437,794	100%	銷售總額	$5,501,427	100%
		產品庫存單位	4,363		產品庫存單位	1,109	
		生產線數	69,396		生產線數	3,747	
		平均庫存金額	$2,664,159		平均庫存金額	$4,279,654	
		庫存量	869,267		庫存量	6,526	
		預估毛利	$332,348	7%	預估毛利	$624,632	11%
		單位／生產線	13		單位／生產線	2	
		金額／單位	$5		金額／單位	$843	
		金額／生產線	$64		金額／生產線	$1,468	
		毛利／生產線	$5		毛利／生產線	$167	
		毛利／存貨金額	$0.12		毛利／存貨金額	$0.15	
		預估淨利	$(830,632)	-19%	預估淨利	$(58,533)	-1%

了公司對A客戶產品銷售量的大約二九%（4,437,794÷15,384,933），甚至還比A象限高。

仔細分析，A客戶買了許多很少人買的低價產品，這些產品的毛利很低，供應鏈成本很高。例如，每一筆訂單的毛利是五美元（相較於A象限是一千一百四十四美元）；而揀貨、包裝和運送每筆訂單的成本，一樣約爲十到十五美元，顯然，每一筆訂單都虧損。A象限每一塊錢的庫存產生一．五九美元毛利，而B象限每一塊錢的存貨只產生○．一二美元的毛利，因爲這些產品的量少，庫存相對於銷售顯得太高。

C象限則是包括高價、大量的產品，這個象限只代表該公司對A客戶產品銷售的九%（1,340,170÷15,384,933），但光是在三十一筆訂單上就貢獻高達三十八萬美元的淨利。在此，每一筆訂單的毛利是驚人的一萬三千四百四十四美元，每一塊錢的存貨產生一．七一美元毛利。顯然，C象限也是個大贏家。

D象限代表高價、卻量少的產品，顯然又是另外一回事，這個象限的銷售額超過五百五十萬美元的銷售額，卻產生大約六萬美元的損失。爲什麼會發生這種情況？單看每一筆訂單毛利一百六十七美元，其實遠大於揀貨、包裝和運送每筆訂單的成本。然而，每一美元存貨所產生的毛利只有○．一五美元，這個問題是出在：公司必須準備許多高價的庫存，讓臨時接到的訂單也能隨時出貨。

分析後，動手改

如果由表6-1來看A客戶，許多經理人看到的是一家帶來獲利的重要客戶，而且很滿意。但是，精明的經理人看到表6-2，對A客戶更進一步分析，會想到改變成本結構和利潤地圖的可能性。例如，針對D象限的庫存，是否可以改變訂單模式和提高訂單的可預測性，來降低庫存？可以提高B象限中的產品定價嗎？

藉由提出這類問題，審慎思考利潤地圖的經理人可以很輕鬆的構想出明確目標，以及快速、顯著影響公司利潤的方案。此外，這類方案實際上大都會立即產生現金。記住，這種分析只聚焦於供應鏈成本因素，如果要改善銷售成本的狀況，可以進行類似而且同樣有效的分析。

表6-3、6-4和6-5是B、C、D三家客戶依象限區分的詳細利潤地圖。這些客戶和A客戶一樣，也有所謂的好生意和壞生意。舉例來說，表6-1看到的D客戶或許是最無法爲公司帶來利潤的客戶，但是若以第八十三頁表6-5的分析來看，還是會發現某個象限的產品是門好生意，如果只要仔視檢視、善加利用，還是可以爲公司帶來獲利。這就是利潤管理的威力。

表6-3 客戶 B

數量	價格：低			價格：高		
高	**A象限**		**銷售額%**	**C象限**		**銷售額%**
	銷售總額	$21,003	100%	銷售總額	$142,488	100%
	產品庫存單位	63		產品庫存單位	2	
	生產線數	195		生產線數	29	
	平均庫存金額	$66,613		平均庫存金額	$15,333	
	庫存量	9,983		庫存量	734	
	預估毛利	$5,573	27%	預估毛利	$14,668	10%
	單位／生產線	51		單位／生產線	25	
	金額／單位	$2		金額／單位	$194	
	金額／生產線	$108		金額／生產線	$4,913	
	毛利／生產線	$29		毛利／生產線	$506	
	毛利／存貨金額	$0.08		毛利／存貨金額	$0.96	
	預估淨利	$6,564	-31%	預估淨利	$12,049	8%
低	**B象限**		**銷售額%**	**D象限**		**銷售額%**
	銷售總額	$122,314	100%	銷售總額	$404,139	100%
	產品庫存單位	526		產品庫存單位	146	
	生產線數	1,710		生產線數	565	
	平均庫存金額	$172,967		平均庫存金額	$122,107	
	庫存量	5,891		庫存量	1,177	
	預估毛利	$45,600	37%	預估毛利	$28,215	7%
	單位／生產線	3		單位／生產線	2	
	金額／單位	$21		金額／單位	$343	
	金額／生產線	$72		金額／生產線	$715	
	毛利／生產線	$27		毛利／生產線	$50	
	毛利／存貨金額	$0.26		毛利／存貨金額	$0.23	
	預估淨利	$845	1%	預估淨利	$3,684	1%

表6-4 客戶C

數量	價格：低			價格：高		
	A象限		**銷售額%**	**C象限**		**銷售額%**
高	銷售總額	$12,981	100%	銷售總額	$-	100%
高	產品庫存單位	4		產品庫存單位	-	
高	生產線數	28		生產線數	-	
高	平均庫存金額	$131,354		平均庫存金額	$-	
高	庫存量	22,332		庫存量	-	
高	預估毛利	$7,011	54%	預估毛利	$-	0%
高	單位／生產線	798		單位／生產線	-	
高	金額／單位	$1		金額／單位	$-	
高	金額／生產線	$464		金額／生產線	$-	
高	毛利／生產線	$250		毛利／生產線	$-	
高	毛利／存貨金額	$0.05		毛利／存貨金額	$-	
高	預估淨利	$(13,000)	-100%	預估淨利	$-	0%
	B象限		**銷售額%**	**D象限**		**銷售額%**
低	銷售總額	$1,749,943	100%	銷售總額	$512,815	100%
低	產品庫存單位	829		產品庫存單位	144	
低	生產線數	58,990		生產線數	1,288	
低	平均庫存金額	$283,919		平均庫存金額	$84,395	
低	庫存量	846,142		庫存量	2,849	
低	預估毛利	$583,456	33%	預估毛利	$124,170	24%
低	單位／生產線	14		單位／生產線	2	
低	金額／單位	$2		金額／單位	$180	
低	金額／生產線	$30		金額／生產線	$398	
低	毛利／生產線	$10		毛利／生產線	$96	
低	毛利／存貨金額	$2.06		毛利／存貨金額	$1.47	
低	預估淨利	$(108,022)	-6%	預估淨利	$97,343	19%

表6-5 客戶D

數量 \ 價格	低			高		
高	**A象限**		**銷售額%**	**C象限**		**銷售額%**
	銷售總額	$650,273	100%	銷售總額	$125,546	100%
	產品庫存單位	280		產品庫存單位	2	
	生產線數	698		生產線數	2	
	平均庫存金額	$464,065		平均庫存金額	$227,829	
	庫存量	19,730		庫存量	21	
	預估毛利	$112,144	17%	預估毛利	$83,235	66%
	單位／生產線	28		單位／生產線	11	
	金額／單位	$33		金額／單位	$5,978	
	金額／生產線	$932		金額／生產線	$62,773	
	毛利／生產線	$161		毛利／生產線	$41,618	
	毛利／存貨金額	$0.24		毛利／存貨金額	$0.37	
	預估淨利	$34,856	5%	預估淨利	$49,039	39%
低	**B象限**		**銷售額%**	**D象限**		**銷售額%**
	銷售總額	$2,565,537	100%	銷售總額	$4,584,473	100%
	產品庫存單位	3,008		產品庫存單位	819	
	生產線數	8,696		生產線數	1,894	
	平均庫存金額	$2,207,273		平均庫存金額	$4,073,152	
	庫存量	17,234		庫存量	2,500	
	預估毛利	$68,091	3%	預估毛利	$638,087	14%
	單位／生產線	2		單位／生產線	1	
	金額／單位	$149		金額／單位	$1,834	
	金額／生產線	$295		金額／生產線	$2,421	
	毛利／生產線	$8		毛利／生產線	$337	
	毛利／存貨金額	$0.03		毛利／存貨金額	$0.16	
	預估淨利	$(358,656)	-14%	預估淨利	$6,280	0%

第七章　戴爾厲害的是管理利潤、而非庫存

一九九四年，戴爾還是個奮力求生的二線個人電腦廠商，它就像其他同業一樣，會預先訂購零件，並且承擔數量龐大的零件庫存。如果後來發現對零件需求預估錯誤，企業資產的帳面價值就會大幅降低。

後來，戴爾開始實施新的商業模式。戴爾的營運特色一以貫之是以對客戶直銷、接單後生產的流程，但是它採取一連串巧妙的步驟來解決庫存問題，結果成效卓著，因此躋身主要個人電腦製造廠之林。

在四年期間，戴爾的營收從二十億美元增加到一百六十億美元，年成長率高達五〇％，每股獲利每年增加六二％，而且在略多於八年的期間，股價上揚超過一七〇〇〇％。到一九九八年時，戴爾的資本報酬率是二一七％，坐擁十八億美元現金。

戴爾的利潤管理模式

在這個關鍵時期，利潤管理、透過深謀遠慮和卓越的管理協調公司的日常活動，是戴爾的

轉型核心，**該公司建立的是一個緊密配合、能夠進行管理、排除對零件庫存需求的商業模式**。如此不僅不需要資本，而且這項改變產生了戴爾用來刺激成長的大量現金。

戴爾的利潤管理核心，是一個看似不可能的兩難困境：該公司採用先接單後生產系統，但它必須承諾提前六十天採購關鍵零件，戴爾要如何管理這個部分？

答案在於它緊密配合的商業模式，以下是這個商業模式的關鍵因素：

一、選擇客戶

戴爾刻意選擇購買模式相對可預期，且低服務成本的客戶，發展了鎖定客戶的核心能力，並且為此目的經營一個大型資料庫。戴爾的業務有一大部分來自長期企業客戶，這些客戶的需求和本身預算週期密切相關，因此，戴爾為特定客戶企業設計內網，有自訂規格和預算。戴爾的其餘業務還包含了個別消費者。

為了在這個市場區隔取得穩定的需求，戴爾使用較高的價位和最新的科技產品，鎖定有固定升級採購模式、不太需要技術支援和用信用卡付款的常客。

二、需求管理

「有什麼就賣什麼」，是戴爾為搭配日後需求和預定供應的關鍵功能，所發展的說法，這一點在幾個層面產生。

執行長麥可．戴爾（Michael Dell）每個月主持 MSP / MPP（主銷售計畫／主生產計畫）會議，在會議中，高層經理人針對特別側重於「本季再加一季」（the current quarter plus one）的五季滾動式預測達成共識。在這項會議中，戴爾的功能性部門領導人評估本身的產品計畫和預測、競爭對手在各種產品線上的銷售進展，以及該公司的生產計畫和瓶頸。根據這項評估，他們修正公司的銷售目標和生產計畫，以反映戴爾逐步發展的情況，而且他們會確保，銷售和生產保持密切配合。在會議中，銷售佣金計畫被設定等於生產計畫。透過這項流程，戴爾每三十天就會將公司同步化一次。

在每週的交貨時間（lead time）會議中，資深銷售、行銷和供應鏈高階主管集體解讀需求趨勢和供應議題，以判斷零件超額或短缺的情況可能會在哪裡發生。這項會議聚焦於一個常見的變數：產品交付給客戶的交貨時間。在這項會議上，大家將焦點集中在管理產品交貨時間，以確保客戶不會取消訂單，戴爾不會碰到未使用零件堆積的難題。

如果產品交貨時間拖長，採購部門可能會加速零件交付，或是轉移到替代的供應來源。銷售部門可能會嘗試誘導客戶購買替代產品。如果零件超額的情況增加，銷售部門可以提供獎勵方案，讓營業員引導客戶採用可製作的產品組合，或是讓產品搭配具有吸引力的配套價格。營業員可以從電腦畫面中，看出哪些產品組合可以取得，動態的獎勵方案會促使他們將來自銷售點的需求，引導到這些產品組合。

戴爾的定價也反映了即時需求管理，而且每一週會有大幅變動。雖然競爭對手的價格隨著定期調整而持穩，但是戴爾的價格迭有變動，因爲該公司會調整價格，來促銷零件庫存累積到超過規定水準的產品。

每週的交貨時間會議對戴爾的文化影響非常大。一旦銷售主管在要製造的一組產品上達成共識，他們就要負責確保這些產品賣得出去。產品交貨時間會每天公布，讓所有的人都看得到，以此推動了以日爲週期的利潤管理流程。

戴爾的核心哲學——即時積極管理需求，或是「有什麼就賣什麼」，而非製造你想要銷售的。這是推動該公司成功利潤管理的一項要素。要是沒有這項要素，戴爾的商業模式就不會具有成效。

三、產品生命週期管理

由於戴爾的客戶大都是快速採用新科技的高階常客，行銷部門可以聚焦在管理產品生命週期轉換，也能直接提供即時的客戶意見反應，讓戴爾快速得到攸關產品開發，和明確生命週期時機的知識。戴爾成爲將六至九個月產品週期的終止期縮短的專家。

四、供應商管理

戴爾的製造系統，是結合按訂單製造產品、按計畫採購零件流程爲特色，不過該公司和供應商密切合作，讓自己的系統變得更有彈性。它將其供應商集中於占它八成採購項目，約有五十到一百家的供應商。供應商的選擇，只有三〇%是根據成本，其他七〇%是根據品質、服務和彈性。

五、預測

因爲戴爾很仔細挑選客戶，它的預測準確度約爲七〇%到七五%。因此，需求管理將預測鴻溝縮小。**在不是那麼有把握的時候，戴爾經理人選擇加碼預測高階產品**，他們認爲向上銷售比較容易，而且高階產品有較長的貨架壽命。

六、現金流管理

直接銷售明確鎖定以信用卡付帳的高階客戶，這些銷售擁有四天的現金轉換週期（將客戶的帳單轉換成現金收入），但戴爾付款給它的供應商則是四十五天。這產生了大量的現金流動性，有助於資助戴爾快速的成長，並且限制它的外部籌資需求。這個現金引擎使戴爾能夠贏得極高的報酬。

戴爾的流程創世紀

戴爾如何建立它緊密的利潤管理流程？答案很明顯。

戴爾的成功種子撒在它初期的失敗上。一九九四年，它生產一組有嚴重品質問題的攜帶式電腦，結果銷量驟減，戴爾面臨嚴重的現金缺口。與此同時，該公司了解只有加速成長，才能夠從日益衰退的二線製造商清單（Commodore、Zeos等），躋身一級製造商（IBM、康柏等）之列，因此需要更多現金。

戴爾的高階主管開會決定如何產生讓公司存活的資金，他們決定大幅降低庫存，製造、行銷部門主管負責設計出在沒有零件庫存下，公司如何運作。一開始他們抗拒，後來他們發展出一個達成這個目標的做法。

戴爾的新商業模式在一段時期裡分階段發展，第一組目標的焦點是降低五〇%庫存、將交貨時間加快五〇%、降低三〇%裝配成本，以及降低七五%過時存貨。

隨著戴爾分階段採用新系統，零件存貨從七十天下降到二十五天，然後又降到二十天，最後降到幾近於零。與此同時，銷售人員被訓練要「有什麼就賣什麼」。當新的利潤管理系統出現並且證明可以實行，戴爾便開始積極的強化它，並且與其他功能活動緊密結合。

戴爾把零件庫存積壓解除之後釋出的現金，用在加強大型企業客戶上的成長，該公司原先很難滲透這些客戶，因爲他們一般都是向經銷商採購。爲了贏得這筆生意，戴爾必須說服客戶，它的產品品質高，還能達到客戶的服務和交貨要求。

許多大型企業一開始認爲，戴爾的訂單式生產模式無法滿足他們的交貨要求。等到戴爾證明，它可以根據特定的客戶訂單來生產，也能達到交貨和品質上的要求，業務成長就隨之而來。這種動力使得該公司得以躍居一級製造商。

創造這項新流程後，戴爾高階主管還收到了兩項驚喜。

第一，隨著庫存下降，交貨時間的績效開始提升。戴爾不只根據預測銷量來準備龐大的零件庫存，而是讓庫存和銷售配合，每天、每週和每月管理利潤。

第二，隨著庫存消失，該公司的報酬大幅成長。戴爾不只避免承擔庫存成本，也不必打消被市場淘汰的庫存，更重要的是，因爲零件價格每個月下跌三％，公司省下大批金錢。

・重點在利潤，而非庫存

公司中的產品庫存，取決於客戶對產品需求的變化（是否有穩定需求的訂單），以及供應商補充產品的變化；除非這些變化降低，否則庫存只是從一個地方移到另一個地方，不能被消化。這種情況我視爲「水床效應」（waterbed effect）。當你坐在水床上時，水床的某個地方會凹陷，另一個地方會凸起，水的分布改變了，但是總量不變。

透過運用利潤管理，戴爾讓供需每天、每週和每月相合，因爲差異降低，對庫存的需求就消失了。

在大部分企業中，庫存搶走了利潤管理的位置、占用寶貴的資金，又讓公司無法專注於日常的業務。經理人在管理庫存和設法排除庫存需求之間面臨抉擇，選擇後者的人會大幅增加公司的利潤，並且在過程中創造持久的競爭優勢。

獲利的魔鬼在這裡

1. 戴爾使用利潤管理的關鍵原則，來改變它的策略和競爭定位——讓該公司從二線製造商躍居為首要個人電腦製造商。
2. 戴爾的利潤槓桿，涵蓋了選擇客户、需求管理、產品生命週期管理，乃至於供應商管理。戴爾的經理人將這些部分，納入一個與公司策略完美搭配的緊密整合組合，這讓戴爾擁有「最高每平方英寸磅數」的市場力量——那是成功的關鍵。
3. 戴爾發展一套平行的營運流程，使全公司的營運每個月、每週和每日配合。
4. 必須在嚴重的商業挫敗中倖存，才會播下成功的種子。戴爾面臨不創新就失敗的抉擇，想想：這對於在艱困的經濟環境中努力求生的公司，有何參考性。
5. 建立和實施這項策略方案的戴爾經理人大都變得非常富有，想想你會如何界定你的職業和前景。

接下來你要注意……

下一章解釋如何將利潤管理原則套用到零售業，並且顯示這些原則在整個企業中的廣泛關聯性。當你閱讀第十章〈不景氣，才是賺錢機會〉時，可以再回過頭想想戴爾的例子。

第八章 大量販賣，更得精確零售

「我可以把利潤管理套用到零售業嗎？」有次我在美國中西部對一群高階主管演講時，其中一位這麼問我。

在演講中，我說明如何分析客戶和產品利潤、如何修正有利潤的業務組合模式，使獲利微薄的業務轉虧為盈、擺脫白忙一場的生意……這些方法可以改善公司的利潤。

這位高階主管進一步解釋他的疑惑，一般的公司、配銷商都聘有專業銷售人員，所以他們可以選擇、管理自己的客戶。但是對於零售業者來說，能做的就是將產品放在貨架上，似乎沒法去管誰會走進店裡、誰要買什麼，那麼，零售商可以採取什麼方法來管理利潤？

我的回答案是：方法多得很。

我在這場演講幾個月後，又為幾家食品雜貨業連鎖店龍頭的高階主管辦了一場策略論壇，不論在會場中的討論，或是會後的往來書信中，許多主管對自己的產業的看法都很類似，以下是某位高階主管說的話：

「我認為，如果超市的高階主管坐下來談，他們會發現，上門的客戶中可能有二五％的人會掏錢，所有的利潤來自這二五%中帶著最大購物籃（不一定代表最大營收）的一群……一大半以上的利潤，來自這些掏錢消費的客戶群中一〇%、甚至更少。」

零售利潤管理

幾年前，有家大型零售商的執行長組成一支小型的高階工作團隊，想要澈底改善公司的利潤。他們在相當短的時間內，使用利潤地圖方法以電腦跑出一個模式，爲每家分店的每項產品計算利潤和資本報酬率。

結果毫不令人意外，他們在幾項微利的業務中找到隱藏的潛在利潤。即使是在這家經營完善、規模達數十億美元的零售公司，還是有很大的空間可以讓他們的獲利成長。

當他們探索隱性虧損的領域，挖掘出了潛在新利潤的匯聚處時，他們找出五個高影響力的利潤槓桿，可以大幅改善獲利。

一、類別管理

類別管理，也就是決定要在商店貨架上放置什麼產品時，有個原則：更多，不一定就是更好，原因有兩個。

首先，類別太廣、太雜，尤其是科技產品。關於這點，可能會讓銷售同仁和客戶感到困惑。在許多零售情況中，超過六〇%的客戶抱著一般需求進入商店，例如帶到海灘的小收音機，並不是非得要特定品牌的產品不可。

因此，每一項產品類別都需要相對嚴格的產品選擇，以滿足特定角色：關鍵價位、流量推手、技術圖示、時尚展出品等。在這個背景下，零售商可能會選擇，在特定層面備有多少較爲廣泛的類別，以強調定位和策略。

但是超出這個界限，過度廣泛的類別可能會降低銷售、增加庫存成本，造成過度的減價。例外情況是精品零售商，競爭的市場區隔狹窄，買家多有鑑別能力。

第二，嚴格的類別，對較小型（銷售量較低）商店的成功特別具有關鍵作用，較小型的商店不應該只是大型商店的縮小版，而必須以更爲明智的方式進行配套組合。

大型商店就像快速流動的河流：如果你囤積滯銷產品，或是擁有太多在生命週期末端的產品，這種錯誤很快就會在系統中消逝無蹤。但是小型商店就像緩慢的溪流：如果你選錯產品，就像把一塊大岩石丟進水裡，貨架會堵塞，而且要花很久的時間將它們騰空，才能放置動得快的新產品。利潤地圖清楚顯示，這是這種大型零售連鎖店利潤問題的大部分來源。

二、客服管理

同樣一句：「更多，不一定是更好。」因此，置換組（substitution group）對於成功改善獲利很重要。

置換組是一組在商店產品類別中，扮演同一角色的產品，低價印表機是其中一個例子。例如一家商店可能有兩、三項充分滿足客戶需求的產品，這是置換組，幾乎所有的零售商都會注意每一項個別產品的庫存狀態，但是注意置換組更有道理——因爲客戶對該組合裡的某項產品或另一項產品一視同仁。這可能會讓零售商省下大量的庫存成本，特別是產品生命週期末期的庫存。最重要的是，它讓商店產品類別配合客戶眞正想要和體驗的項目。

此外，置換組還有一項也很重要的功能，因爲它們讓零售商有機會執行類似戴爾的管理需求，或是「有什麼就賣什麼」策略，特別是產品生命週期短暫的高階產品。

必要時，銷售同仁可以引導客戶採購置換組內庫存過高的產品，避開庫存有限的產品，這需要供貨廠商和商店之間的強烈連結，但是它可能只需要五%到一〇%的時間發生就行了，以生命週期晚期的產品來說，在交易量較低的商店會有特別重大、正面的影響。

零售商也可以使用商品簡報來引導客戶採購，特別是購買高利潤產品和庫存水準過高的產品。可以將產品重新擺放在走道上或貨架末端展示區（端架），藉此強調或避免強調該產品。

例如，某家著名零售商分析，在伊拉克戰爭開始時，哪些產品可能會提高銷售量。在戰爭爆發當天晚上，它把每一家店裡的關鍵產品，像是槍枝、聖經和旗幟改變擺放位置，結果隔天這些產品全都狂賣。

三、客戶管理

零售業就像大部分產業一樣，靠很小比例的客戶提供大部分的利潤，零售商能做些什麼？找出這些客戶，窮追不捨，再爭取更多人。

首先，利用利潤地圖識別你最有利潤的客戶，接著，你可以使用DM文宣品和其他目標準確的方法，促使他們更常光顧你的商店，並且增加他們採購的範圍和頻率。在這個流程中，忠誠計畫很重要。一旦你獲得你的最佳客戶，就要積極尋找更多這種人。

考量類別管理可能會產生的影響。試試這個方法：以幾家代表性的分店，來分析你的高利潤買家購買的產品廣度。他們購買的是你的入門級產品、促銷產品，還是你的流量推手？或者他們在可預測的時期，通常是在產品生命週期初期，購買高利潤、較高階的產品？如果是最後一項，你可以將你的類別聚焦於充分提高對超級買家的銷售，並且停止浪費錢在銷售給不賺錢客戶的不重要產品上。

四、產品流動管理

這個領域是目前零售業主要潛在利潤收益的來源，因爲沃爾瑪著名的越庫作業系統而知名（cross-docking，直接將產品從開進來的卡車運送至分店交貨區，而沒有進行存貨和分揀的配送中心程序）。

零售產品流動管理是根據兩項重要原則：供應鏈差異化以及流過式物流（flow-through

logistics），分別解釋如下：

在妥善差異化的供應鏈中，產品被分成幾組對應於其需求特性、商品化特性和實體特性的類別。以一家服飾零售商爲例，想想白色內褲等主要的高營業額產品、泳裝等季節性產品，以及運動隊伍冠軍T恤等促銷產品之間的差異。這些產品類別的每一項，都需要一套不同的營運對策和不同的供應鏈。每一項都需要不同的對策以獲得有效管理（第二十章〈只有一個供應鏈？你糟了〉會解釋做法）。

流過式物流是盡量降低存貨和處理手續的流程。例如，移動相當快速的產品，應該以固定的節奏，在盡量降低存貨和處理手續之下，從供應商流經配銷中心的越庫（指貨物從收貨過程直接進入出貨過程）碼頭，再送到店裡。這項流程讓你大幅節省成本，同時維持服務水準，但是它需要對內和對外（與供應商）的高度組織協調。

類別管理在兩個關鍵點對簡化產品流程至爲重要。首先，你壓縮類別，就可以在其他產品中，建立流過式物流所需要的數量和需求穩定性。其次，置換組提供相當多的機會聚焦和穩定需求。例如包含三家供應商的置換組中，你可能會將該組所有的正面需求（亦即需求增加或是需求高於預期水準）提供給一家供應商，來交換保證產能和流過式物流；其他兩家看到了穩定的需求，也會促進他們那方的流過式物流。

五、最佳實務管理

你發展可顯示每一家分店、每一項產品利潤和資本報酬率的利潤地圖，就能夠建立可比較類似分店的詳細利潤背景資料。目前在許多零售鏈中，分店依地區進行群聚、比較和管理，這項做法可以追溯到電腦問世之前的時代，當時地區經理人必須經常造訪分店，以評斷績效。地區群聚缺乏效率，因爲它結合了許多並不類似的分店，利潤地圖讓你能夠跨越地區，將規模、人口、競爭情況和其他關鍵因素類似的商店群聚起來，並且分析它們的相對績效。這對以地區爲基礎的商店營運管理提供了非常寶貴的補充。

在一個同級團體內，你可以觀察最佳實務並且快速加以傳播。分店經理人和分店營運團體可以有系統的將同級的分店群，納入它的最佳實務標準。內部最佳實務基準是改善績效最快速和最有成效的方法之一，但是務必要確定的是，分店經理人的薪酬要根據絕對的績效，而非相對於同級團體的績效，分店經理人才不會有隱藏自己最佳實務的誘因。

建立利潤文化

要建立持久的高利潤水準，最有效的方法是在公司內建立利潤文化，這適用於零售商，也適用於所有公司。

⊙分店主管必須了解從供應商到貨架的端對端淨利潤，還有每一家分店每一項產品的資本報酬率，光是聚焦於產品的營收和毛利並不足夠。

⊙供應鏈和物流經理人必須知道他們的供應鏈產能，而不只是效率。供應鏈產能包括兩項因素：將分店中某項產品的淨利作爲分子，支援該分店該產品的投資資本（主要是存貨）作爲分母。

⊙分店營運經理必須看到分店所有產品的淨利和資本投資績效，以及個別分店績效與同級分店群最佳實務的比較。

⊙這些功能性團體的關鍵經理人必須定期聚會，有系統的檢討各分店和產品的績效。他們共同控制所有攸關利潤的要素，必須共同協調，發展出共同計畫來管理和改善獲利。

⊙所有主管和經理人都必須使用相同的績效和薪酬標準，也就是淨利和資本報酬率。最後，將這項關鍵的行爲推動標準付諸實施，是業績成功的最重要因素。

如果你徹底弄清楚上述幾項要素，你將會建立獲利的文化，不論是零售商或是其他公司，都能充分發揮獲利潛能。

獲利的魔鬼在這裡

1. 零售商擁有和所有其他產業內的公司相同的利潤模式。
2. 就像大部分公司一樣，零售商擁有的利潤槓桿比一般人所想的數目還多。利潤地圖是發掘它們並且建立有效行動計畫的關鍵。
3. 零售商的利潤管理流程有一個關鍵部分，那就是建立一套使各個功能性部門一致的首要利潤衡量標準，這些部門的行動合在一起，來決定獲利。同理適用於所有其他產業的公司。
4. 許多零售商的利潤問題，源自低成交量商店的末期生命週期產品管理，一些相當簡單的管理標準，可以將這些檸檬變成檸檬汁。

接下來你要注意……

到目前爲止，這一部說明了不賺錢的問題、改善的機會、商業時代背景，還有主要企業如何成功發展利潤管理計畫來改善獲利。接下來的問題是：財務長的角色是什麼，如何才能夠在整個過程中發揮效用？

第九章　財務長，改用利潤想事情吧！

隱性虧損對每家公司來說，都是得好好處理的大問題。這個議題可以分成三大問題：

一、實際公布的利潤數字很低，通常只有預期的一半；
二、最好的客戶通常只得到一般的服務。競爭對手只要提供更好的服務，業務被搶走的風險就大爲提升；
三、公司因此失去將資源分配在報酬最高的活動的機會。

妥善運用利潤管理提供的見解，企業不但可以保住最好的業務，專注於提供更多最佳業務，設計目標準確的措施，使不賺錢的業務轉虧爲盈，還能穩定的排除其他不賺錢又無法修正的業務。排除隱性虧損，不僅非常實際，而且通常幾乎不用花費分文，就可以快速創造大量新的利潤和現金。

爲什麼不是所有的企業都將這一點納爲必要的商業流程？爲什麼財務長以及其他財務主管

不參與推動這一點？

利潤管理的障礙：隱性虧損

我再說一次以下這個似是而非的說法。有相當多企業擁有以任何標準來衡量都不賺錢的大批生意，而且他們的主管同意此事屬實；但是很少有企業積極行動來扭轉這種情況，爲什麼會這樣？

過去幾年，我在和執行長、總經理、副總裁及財務長進行多項交談時，研究過這個問題，**有效利潤管理的四個結構性障礙**隨之浮現。

第一，財務和管理控制資訊沒有經過整理，因此無從突顯問題和機會區域。所有的部門都有預算，銷售部門有營收預算，營運部門有成本預算，但即使所有的部門都有擬定預算，企業仍然有三〇％到四〇％的生意不賺錢。爲什麼？因爲幾乎所有的預算，一開始都從一家公司現有的利潤（和根深柢固無法獲利的問題）模式起頭，並且要求經理人從這個基準線改善。

如果一家公司藏著龐大的隱性虧損，經理人成功的大幅降低成本或改善利潤，預算看起來很好，但是該公司的表現仍遠低應有的潛力。

第二，每個部門都在做事，經理人的專案涵蓋了選擇產品、降低成本和發展市場區隔，這些方案在某種程度上很實用，但幾乎總會錯失從正確維持日常營運活動所得到的重大機會。

第三，矛盾的是，公開上市公司面臨強大的投資人壓力，這些壓力反而讓管理高層綁手綁腳，無法針對隱性虧損下手。許多經理人擔心，砍掉不賺錢的業績，將會大幅降低營收，進而影響公司的股價，他們誤以為這樣做就表示要推掉客戶。事實上，只要經理人慎選一組利潤槓桿，並且把產品配置在審慎選擇過的狀況，就可以把大部分有問題的客戶和產品，轉變成有利可圖的業績。

第四，在大部分公司裡，沒有一個人負責系統化的分析和增進利潤，這是一項語不驚人死不休的斷言；但是我發現，所有的高階主管都參與改善利潤的活動，只是沒有人負責管理微觀層次的客戶、產品、訂單和服務利潤，以及排除隱性虧損。

當然，執行長或總經理要負責利潤，但這些人大都將焦點集中在重大的策略方案、重要的客戶關係，或確認他們旗下的經理人會擬定預算。因此，透過精確鎖定的措施，分析訂單、客戶、產品和服務並且加以改善的問題就遭到忽略。

那財務長呢？幾乎所有的財務長和其他高層財務主管，都將焦點集中在符合營收和獲利目標的利潤上，他們也參與資產產能計畫，提出諸如以下的問題：「爲什麼要花這麼多錢在薪資上？」、「爲什麼要外包？」此外，當然，他們非常專注於管理現金，甚至爲了讓現金流量保持平衡，不惜收購或出售公司某些部門。

然而，財務長或其他高階財務主管，很少會有系統的將焦點集中在找出和修正隱性虧損，並且將這個流程納入公司正在進行的核心管理活動中。

財務長，你知道公司的錢怎麼賺來的嗎？

企業如何才能夠突破這種明顯的僵局，並且克服這些有效管理利潤的障礙？關鍵是要賦予財務長強大的新角色：變身爲利潤長（Chief Profitability officer，ＣＰＯ）。

建議看似奇怪，因爲幾乎所有的財務長都將「利潤」視爲他們現有工作的核心；但是要具備充分的效率，財務長必須超越一般的部門績效措施，將基層的利潤管理流程納入自家公司的核心管理活動，這項任務有三個關鍵。

一、畫路線圖

有效率的利潤長會透過利潤地圖，有系統的了解公司高利潤、低利潤和負利潤的確切範圍在哪裡，大幅超過毛利、市場區隔和產品系列的資料所及。這張圖是精準命中目標的路線圖，提供追蹤和改善利潤的基礎。

二、訂流程

針對利潤管理建立一套持續進行的組織流程和獎勵方案，是利潤長的重要工作，這項工作的開端，是將利潤地圖資訊整合到全公司的日常任務中。想想以下熟悉的例子。一位供應鏈主管努力工作，使存貨降低一五％，但是這項存貨是支撐不賺錢的業務。另一位業務經理使營收增加二〇％，可是實際上降低了利潤。在大部分企業中，這兩種人卻被視爲英雄——即使他們其實造成公司獲利下降。利潤長應該非常關切這些事情。

成功的關鍵，是讓利潤長透過整合的市場規畫，帶領自己的組織一起面對問題。在這個流程中，業務和行銷加入營運團隊，共同界定一套客戶關係，其中涵蓋了高度整合關係到一般關係，並針對特定關係鎖定客戶。這樣一來，公司的營運成本結構，可以預先配合業務組合。這聽起來像苛求，其實不是；這只是不同的生意方式，龍頭企業已經用這種方式大幅提升獲利和市場占有率。

三、轉換管理

轉換管理將會是利潤管理方案、特別是公開上市公司裡的利潤管理方案的成敗關鍵。利潤長有理由擔心，直接排除不賺錢的營收可能會衝擊股價。但是，許多利潤槓桿會在幾乎不需成本和不會損及營收的情況下，增加利潤微薄業務的獲利。同樣的，將銷售和服務資源從不賺錢的業務轉移開來，藉此確保和擴充你最賺錢的事業，只需要區分優先順序、教育訓練和調整銷售部門的薪酬。同時運用這些做法，可以讓你大幅增加營收、利潤和現金流量。

例如，採用這項策略的某汽車配件公司，實際上在短短幾個月內，將它對高潛力、但開發不足客戶的滲透率增加逾四〇%。同時，它建立一個代理商網絡，以服務遠離其維修網絡、而且利潤少、潛力低的客戶。這降低了它的成本，並且釋出資源。營收上揚、成本下降，該公司股價在大約三年內增為三倍。

剩下的問題是排除不賺錢又無法扭轉的營收。關鍵是引進新的高利潤營收，然後透過適當的定價，將不賺錢的營業額逐步淘汰。

利潤管理為具有創意的財務長開啓了新的機會領域，妥善運用，財務長可以異常快速的創造營收、利潤和現金。但是要做好利潤管理，財務長必須突破自己傳統的領域，不論在建立流程或公司文化中，扮演核心人物——充分提高來自基層、而非只是來自降低總額預算所得到的利潤最大化。這麼一來，有效率的財務長就可以眞正成爲公司的利潤長。

獲利的魔鬼在這裡

1. 對財務長和所有的財務主管而言，利潤管理提供千載難逢的機會——在不需要資本投資之下，促使利潤提升三〇％到四〇％或是更多。
2. 有強大的理由可以說明，為什麼這些機會被隱藏這麼多年。好消息是，要識別這些機會，並且建立改善計畫，並不難也不耗時。
3. 懂得將資源從不賺錢的地方轉移開來，這會成為利潤管理計畫的成敗關鍵。
4. 財務長必須非常專精於協調變革管理，才能成為成功的利潤長。他必須和其他重要財務主管一起建立新的利潤文化，以及支援該文化的新商業流程。這種做法在業績和滿意度上的成果非常豐碩。

接下來你要注意……

對結果導向的經理人而言，不論是一般的經濟衰退或是特定公司的問題，經濟艱困時期都爲推動根本變革開啓了重要的窗口，這一部的最後一章會解釋原因和做法。

第十章　不景氣，才是賺錢機會

經濟衰退。這是最壞的時期，還是最好的時期？

答案是，兩者皆是。雖然經濟不景氣把難題丟給所有主管，但也同時製造了重新來過的難得機會。

砍成本不是這樣做的

在經濟衰退時期，公司營收下滑、現金耗盡、股價直直落。大部分企業的本能反應是「公司從上到下削減成本」。但是，經理人常在削減成本這件事上犯錯，光是削減成本也不足以解決問題。

在經濟衰退時期負責削減成本的經理人，常將焦點過度集中在短期增加的收益，因此錯失了重大的戰略性機會。我的意思是，削減成本有壞方法，也有好方法，壞方法是不分青紅皂白全面削減，例如「降低庫存，還有砍出差費」。

相對來說，好方法是仔細的檢視公司，辨識出在利潤、成長潛力方面的贏家和輸家。重要的是，你必須有方法將資源從輸家那裡移到贏家，鎖定和培養業務中有利潤的部分，並且找出更多高潛力的生意。簡單來說，你應該「槍斃一個業務，拔擢另一個」。

在景氣好的時候，經理人忙著用傳統方式改善公司。當公司業績良好時，要讓高階主管促使公司改變基本的商業流程極其困難，即使他們知道，這樣做會創造持久的改善。

經濟衰退改變了這一切。**景氣不好製造了一個在公司推動更新改變的關鍵機會**。在經濟艱困時期，公司身處困境，全公司的經理人都憂心忡忡，正是在這個時候，他們最樂於接受計畫和改變。客戶和供應商也是一樣。

對經理人而言，主要的問題是如何充分利用這項難得的機會。以我在經濟不景氣時期和企業合作的經驗來說，以下是我看出的機會領域。

幾個月之內就抓出獲利魔鬼

幾個月的利潤地圖會讓你看到，你的公司哪裡賺錢、哪裡虧損。有了這張圖，你可以倍增你業務中的最佳部分，鎖定和確保更多有高利潤潛力的生意，改善利潤微薄的業務，並且逐步淘汰業務中不賺錢的部分。這會讓你重新部署資源，並且快速增加你的利潤和現金流量。

這裡有兩點很重要。首先，務必要讓你的銷售人力重新聚焦，並使用於你本身的系統化最佳實務客戶開發流程，以便向極具潛力、但開發不足的客戶促銷。這會讓你快速產生有利潤的新營收，而且金額不只是彌補逐步淘汰不賺錢的客戶所造成的銷售衰減。

第二，一些精選的利潤槓桿會將無利潤業務的一大部分扭轉過來。在許多情況中，客戶不賺錢，原因可能連他們自己都不清楚。例如，多變的客戶下單模式，使得庫存水準升高，干擾倉儲作業，並且招致昂貴的運送費用。重要的是，這對你的客戶也是所費不貲。如果能夠改善，雙方都會因爲業績增進而獲益。

•強化客戶和供應商利潤

在不景氣時，客戶和供應商急於改善自己的獲利和現金流量，他們會非常願意接受新的做事方法。這爲經理人製造了一個獨特寶貴的機會，能夠和最好的生意夥伴建立堅定長久的高附加價值關係。

客戶營運夥伴關係可以對客戶和供應商獲利及現金流量，產生重大影響（這些是供應商和客戶相互建立以便協調彼此間產品流動、降低成本和增加回應度所做的安排。請參考第十七章〈供應鍊：幫他賺、他幫你賺〉）。公司對公司間營運，像是供應商管理存貨，可以大幅增加最佳客戶在處理你產品上的利潤和資產產能（有效運用客戶的資產，例如存貨和設備）。

同時，你可以掌控他們的下單模式，並且在這個過程中大幅降低你自己的營運成本。這些營運夥伴關係有很大好處，所以銷售量通常會增加三〇％到四〇％，即使是已高度開發的客戶也一樣。

你的供應商也能得到相同的夥伴關係利益。你可以邀請關鍵供應商，建議幾個可以改善你公司利潤的方法。大部分供應商含蓄的假設，他們的客戶不會接受真正的營運創新，而最有能力者會把握機會，與有意願的客戶密切合作。

此外，你可以從供應商的觀點，積極分析你自己的採購模式。要想出同時降低供應商的成本和你自己的成本的方法，相當簡單。分享收益是意料中的下一個步驟。

你很少會有這種大好機會，在你的供應鏈上、下游中推動永久的創新，如果你現在行動，夠你「吃」好幾年，而你大部分的競爭對手，很可能忙著亂砍成本而動彈不得。

推著客戶一起創新

在不景氣時展現一個重要機會，會大幅增進你提供給客戶的價值主張。前幾段說明了，供應商如何透過營運夥伴關係，增加客戶的利潤，但是增進公司價值主張的機會不只有這樣。

供應商一般擁有關於其產品和市場的極深刻且詳細的資訊，通常包括關於客戶在各種非競爭客戶上的最佳實務寶貴資訊。在景氣好的時候，需求強勁，客戶光靠傳統上由供應商提供的那種例行產品和市場資訊，就可以得到強勁的銷售。

但是在不景氣時，客戶需要盡可能得到協助。問題有兩部分：一是客戶 vs. 供應商關係通常隱含對立性，二則是客戶可能不知道供應商的組織內，擁有哪些實用資訊（這項資訊事實上可能被「深埋」在供應商的組織內，說不定無法讓與客戶接洽的業務與行銷主管立即知道）。

將價值做大的方法是：讓供應商以一項主張積極接觸良好的客戶（還有潛力高、但開發不足的客戶），這項主張就是：供應商和客戶一起重新思考，讓客戶使用產品，並將產品引進市場的方式，藉此得到重大利益。情況往往很快就會變得明朗：供應商擁有能夠增進客戶本身價值主張的詳細資訊。

舉例來說，工業產品供應商面臨將產品差異化的問題，像是安全設備，客戶將它視為大宗物資，經常遭遇嚴重的價格競爭。在一項重大行動中，公司（供應商）的行銷團隊與最好的配銷商合作，建立特殊目錄和客戶網站，將焦點集中在協助配銷商的客戶，為特定用途選擇適當產品，並且引導購買者正確使用。這為最終的客戶帶來重大價值，並且透過整個通路推動銷售量大幅增加，創造公司、配銷商和客戶三贏。

不景氣，罕見的好機會

什麼時候是創新的最佳時機？我認為是「當你不需要創新時」。很驚訝嗎？我舉奇異公司（GE）飛機引擎事業的例子給你參考。

在九一一事件後的幾個月裡，航空交通流量急遽下降，飛機引擎訂單跌入谷底，那時，奇異卻在開發新一代節能引擎。在產業陷入混亂時，還要開發昂貴的新產品，這個時機看起來似乎很糟糕。

事實上，這麼做是正確的，因為新產品完成需要一定的開發週期，也就是時間，一旦航空業擺脫衰退、市場逐漸回溫、噴射機燃油成本開始提高……節能引擎也差不多完成，問世的時間剛剛好。

在經濟衰退時，企業一般的思維是：沉潛休息、暫時把重心放在短期措施上，把傷害降到最低。這其實大錯特錯。

具洞察力的經理人知道，不景氣反而製造罕見的大好機會，如果好好把握，你不僅僅能讓組織重現活力，也會在未來好幾年得到豐厚的回報。

獲利的魔鬼在這裡

1. 不論是來自經濟衰退或是特定公司的問題，財務壓力都展現了非常重要的機會，讓人開發和實施能生產快速持久效果的利潤管理系統。
2. 削減成本有壞方法也有好方法，不幸的是，大部分企業都陷入第三章〈精確的市場，細節裡抓魔鬼〉概述的大眾市場心態，所以它們全面削減成本，得到災難性的長期結果。
3. 你的客户和供應商也在找尋解決方案，他們會特別願意接受正面變革。這製造了一個非常關鍵的機會，讓你能夠和你的通路夥伴建立創新計畫，以謀求互利。

4. 就像所有的事情一樣，苦日子總會過去。有先見之明，並在不景氣時創造正面改變和計畫的經理人，會在景氣好轉時看到自家公司的績效大爆發。同理適用於公司各層級的主管。在車頭燈前嚇呆而且不敢果斷行動的競爭對手，會越來越落於人後。

接下來你要注意……

我在第一部提供一個架構，讓你了解如何針對利潤思考，並且告訴你，許多龍頭企業如何利用這個流程獲得驚人的成功。這個流程其實不難，只是和大眾市場時代一般人習以爲常的模式有很大的不同。

接下來二、三部以這項知識爲基礎，我會解釋如何在行銷流程、營運管理流程中建立利潤槓桿。到了最後一部，我會說明如何領導變革，讓企業能持續獲得高利潤。

第二部

銷售是為了利潤、別只為業績

業務員的獎金和年終，靠的是業績；
但是，所有的銷售不一定都有利可圖、賺得到錢。
那麼，該如何爭取能獲利的好生意呢？

第十一章 管好客戶，好關係得這樣做

客戶管理是一套包括開發新客戶、管理客戶關係的流程。你覺得這是藝術，還是科學？主管的回答會決定後續的銷售流程，是否可以做到有系統，並且持續改善。有效的客戶管理也是公司最重要的利潤槓桿之一。

答案其實一點也不令人意外，客戶管理既是藝術，也是科學。在很多公司裡，很少有人清楚了解客戶管理也是一門科學，也沒有好好運用；相對來看，表現優秀的公司做的是：將客戶管理的科學視爲銷售流程的核心，再加上高明的銷售技巧。

客戶管理科學有四個關鍵要素：**利潤管理**、**客戶關係選擇**、**關係移轉路徑和客戶規畫**。有了這四要素，再加上合理的業務員薪酬，銷售流程將會帶來很棒的效果。

公司管好利潤，業務員才能發揮

這些年來，我參加了許多高階業務主管、事業單位領袖會議，會議中常聽到有人這麼說：「只要業務員可以和客戶的主管多多接觸，業績就可以大幅成長。」公司的方針常是：多雇用有能力的業務員，好讓他們和客戶的主管打交道。

許多經理人認爲，花錢請人，比改善管理流程容易。我認爲這是一大錯誤。公司如果能有效管理業務員，並且讓他們在架構良好的流程下工作，大部分人都能締造卓越的績效；反之，如果被安插到銷售流程的架構、管理都欠佳的公司，即使是從別家公司重金挖來的優秀業務員，績效還是會達不到預期。

公司管理階層的主要職責，是爲業務員提供有系統、有效用的流程，透過這個流程，業務員就能夠了解如何成功銷售。業務員的成效，取決於他們非常清楚的了解，每次拜訪客戶時需要完成哪些任務。這項流程是客戶管理科學。

客戶管理的首要要素，是確保每一位業務員都清楚知道利潤管理：有些生意會帶來高利潤；但有些生意做了，反而降低公司獲利。依照重要性的順序，業務員的目標應該是這樣：

第一，確保最有利潤的業務項目。

第二，取得更多最有利潤的業務項目。

第三，想辦法提升利潤微薄的業務項目。

第四，縮減怎麼做也無法賺錢的業務項目。

即使運用銷售方法技巧再怎麼好，達成業績目標，如果到頭來是筆爛生意，或是沒賺到最能獲利的部分，實際上反而降低利潤。在這樣的情況下，銷售藝術越成功，公司蒙受的損害反而越大。

你要和客戶建立哪種關係？

客戶關係的選擇可成爲是否獲利的成敗關鍵，至於關係的範圍包括：極度資源密集（例如與客戶是營運夥伴）、中度資源密集（例如管理客戶的訂單模式之類的產品供應管理），以及典型許多客戶 vs. 供應商的一般關係。

重要的是，先弄清楚哪種關係適合哪位客戶。客戶關係選擇的關鍵因素不外乎：潛在毛利、配合度、交易買家行爲（不論客戶是否對供應商忠誠），還有客戶管理內在變革的意願和能力。

有些情況下，你和客戶處於客戶 vs. 供應商的一般關係時，你可以獲利；但是，一旦與客戶變成了營運夥伴關係，反而變得無利可圖。如果業務員錯誤判斷，該和負責的客戶以何種關係做生意時，即使銷售技巧再怎麼高明、帳面上的營收持續增加，也可能會損及公司的績效，而且會連續損失好幾年。

舉例來說，某家電子零件供應商的客戶距離配銷中心很遠，這些客戶占全部客戶的比例相當低；不過，他們想要和供應商有高度合作的關係，包括由供應商派駐現場人員和管理存貨。

在這個情況下，對供應商較有利的做法是：與這些客戶維持「一般關係」，也就是用電話銷售和隔日服務，因爲提供現場服務所耗費的成本，會讓高度合作的關係到後來無利可圖。

企業應該要建立、提供各種與客戶的關係，每階段關係都有清楚、可衡量的利益。業務員必須了解客戶的情況，善於選擇公司與客戶該建立何種關係。

經營銷售關係眞正的藝術，是預先了解每階段關係應該在哪裡結束，並且能引導每位客戶進入最有利的關係，有時候，需要說服一個想要密集夥伴關係的客戶，接受較不緊密的「一般關係」。

闢一條關係移轉路徑

在大部分企業中，可以利用清楚的移轉路徑，以加深與客戶關係的方式，來設計產品和服務。例如，公司可以重新設計許多入門級產品和服務，讓公司的作業人員、業務員有機會與客戶的各部門高階主管接觸。

管理階層如果以提供快速擴大、加深與客戶採購中心關係的產品、服務來領導，就可以協助業務員加速開發客戶。有了精心打造的產品和客戶規則，企業可以爲業務員建立一座通往客戶關鍵決策者的橋梁，而不必額外花錢、雇用擁有既定人脈的外來者。

因此，聰明主管所設計的產品和服務，會自然的帶動一項又一項的銷售，因爲客戶的採購中心已被打入、滲透，業務員也具備與客戶相關的知識，故深得信任。在此階段，銷售的藝術在於讓業務員採用一個架構良好的流程，而不只是用反應式、毫無管理的方式來銷售產品。

你能介入客戶的決策過程

客戶規畫的目標，是讓業務員管理客戶的決策流程，讓他們能夠繼續向上攀爬關係的階梯。有效的客戶規畫，聚焦於和客戶公司裡的所有相關人員，建立穩固的關係，這樣一來，強勁的銷售搭配補償的價格就可以持續，即使客戶關係中的特定人員離職也不會有影響。畢竟，短期的銷售策略只是良好客戶計畫的一部分。

一項周密的客戶計畫，奠定了指導、評估進度、分析和解決問題的基礎。如果需要客戶開發時間（客戶拜訪）或促銷投資等資源，客戶計畫就成為一項承諾投入的業務個案。它也在長期關係建立優先於銷售，或是重要的初期產品僅帶來極少營收的情況中，為業務員的薪酬提供里程碑。

有效的客戶計畫應該涵蓋六項關鍵的業務員行動：

一、擬好客戶個人背景資料

這應該包括潛在的銷售量、潛在利潤、營運配合度（客服需求）、買家行為、客戶改變的意願、能力和本身歷史。

二、確認你要追求的客戶

爲採購中心裡的關鍵人物建立個人背景資料，包括有影響力的人。通常你會找到很多人。

三、找出他們的需求

判斷每一位客戶需要什麼，才能夠讓你的產品或服務最可購買。是支援？還是轉售價值？客戶關係的終生價值？價格？背書？快速造訪或是長時間的造訪？這通常會因人而異。

四、決定開啟每道生意之門的方法

對客戶來說，他們選擇你的理由是什麼？最引人注目的訴求，或是讓客戶感覺你最懂他的關鍵在哪裡？如何踏進生意之門很重要，答案卻不明顯。如果這一點做不好，你的銷售流程會變成只有「走進去、問問有沒有生意」。你若是這樣向客戶高層推廣業務，這一點非常要命。

五、以步驟、資源、衡量標準和里程碑，來建立一項行動計畫

這應該是堅定、澈底和健全的一項計畫，它應該直接緊接著之前的分析。在缺乏緊密的連結時，行動計畫等於「走進去、問問有沒有生意」。計畫應該要有證明時間和資源投資正確的預期成果。你要具體說明，你需要從公司裡的其他部門得到什麼支援或資源。

舉例來說，一個多重步驟的行動計畫，開頭可能是爲期一個月的規畫客戶（識別採購中心

裡的人員、估計客戶潛力，並且判斷競爭對手的關係力道）。下一個步驟可能是進入為期兩個月的客戶滲透階段，在這個階段，業務員拜訪關鍵人物，讓客戶試用初步的樣品。

這些初期步驟，每一步都有具體的成功標準、預期的時程和一套需要的資源（如業務員的時間、資料、電話銷售支援）。

六、建立指導計畫

業務員必須知道，哪個時機他們需要主管的指導。業務員要將主管當成寶貴的資源，尋求協助時必須有創意、積極的態度。

在建立成功的客戶管理計畫時，高層主管要做的是：建立周密的流程，**讓業務員清楚知道，每項客戶互動中需要完成的任務**，並且確保這個流程會持續創造出最有利潤的成果。

在這個背景下，創意銷售將最具效用，因爲客戶管理的藝術和科學融合爲一，爲公司帶來最大的利潤。

獲利的魔鬼在這裡

1. 業務員生產力的關鍵是任務明確。每一位業務員必須非常清楚自己每天、每一次拜訪客户時必須完成的事情。管理階層的職責，是提供一個有系統、有效率的流程，讓業務員因此能夠清楚了解這項任務。
2. 沒有第1點這個架構，業務員就有如在茫茫大海中失去方向。有些人會摸索出成功之道；有些人會失敗，大多數人遠比他們個人潛力所顯示的，還欠缺效率。
3. 業務員的薪酬必須與銷售系統一致。如果平等看待所有的營收，你的公司就會出現很大的隱性虧損。
4. 良好的銷售流程有四個關鍵要素：利潤管理、客户關係選擇、關係移轉路徑和客户規畫。有了這些要素，業務員的任務會更明確。

接下來你要注意……

本部的前四章聚焦於業務員效率的重要層面，並且提供在這個領域成功的企業範例。後四章解釋，要在何時以及如何建立客戶關係，以擴大創造客戶價值尚未開發的領域。

第十二章 改善流程，多賺五成

經理人如何確保公司的銷售人力生產力持續維持高水準？

許多經理人不管三七二十一，直接假定銷售力生產力就是要增加營收；至於降低成本，則是營運問題。這個假設的代價非常昂貴。事實上，公司的銷售人力在營收和利潤最大化上，扮演至關重要的角色。

接下來，我要說個總經理的故事，他擬定了一套利潤管理流程，爲他的公司同時帶來營收和獲利極大化。

用對方法，增加五〇％獲利

我收過一封讀者來信，他是美國南部某家紙品和清潔用品配銷商的總經理，他在信裡這麼寫著：

正如你說的，我們認真檢討客戶，發現八十／二十法則的確是真的，大約二〇％的客戶和訂單可以產生約八〇%的利潤。接著，我們區分客戶，對不同的客戶層使用不同的銷售方法（外部銷售、內部銷售和客戶服務）。我們的成果斐然：每筆訂單的毛利在過去四年增加了八二%。此外，我們的淨利比三年前增加逾五〇%。我想要帶領公司爬上更高一個層次，我樂於分享我們的經驗。

大約七年前，該總經理接棒領導一家擁有七十年歷史、很成功的配銷公司，公司的客戶層面很廣，包括大學、製造商、醫療保健供應商和食品處理商，業務員平均擁有二十年的經驗。

兩年後，總經理開始尋求改善利潤的方式，在三年的期間，他建立一個能大幅提高業務員生產力、公司利潤的強大流程，這個流程反映了利潤管理的三項關鍵要素：利潤地圖、利潤槓桿和利潤管理流程。

一、利潤地圖：計算客戶利潤

總經理一開始找來ＩＴ（資訊科技）經理，擬定一個分析客戶利潤的流程。爲了計算客戶利潤，他們從訂單和客戶毛利著手。這讓他們能夠粗略估計每一筆訂單和客戶的營運利潤，我視爲供應鏈淨利（毛利減掉營運和銷售成本）。

接著他們將業務員負責的客戶，按營運利潤的遞減順序排名。**當他們把結果拿給業務員看**

時，對方一般的反應是：資料一定錯了，因為「我的頂級客戶是倒數第二名」。如果某位業務員對某位客戶的資料提出異議，他們會共同查看詳細資料，並且複查計算結果。大致上來說，在兩千四百筆客戶計算中，只有三筆需要調整。

二、利潤槓桿：增加利潤的方法

總經理很快發現，推動利潤的關鍵因素之一，是每筆訂單的利潤。這時，每筆訂單由一位業務員在拜訪客戶時取得，由於拜訪的費用高，每筆訂單必須產生最低限度的毛利，以涵蓋拜訪的成本和相關成本（我將這一點視爲毛利／推動時間比率）。因此，總經理想了一些方法來增加利潤。

第一個方法是，總經理將每位業務員負擔的客戶數目，從兩百四十個減少爲五十六個，目標是要迫使業務員深入每家潛力最大的客戶。總經理認爲，業務員必須學習不透過採購經理，直接與客戶的關鍵決策者建立更好的關係。爲完成這一點，他建立一個客戶背景資料範本，業務員必須使用這個範本，更有系統的了解負責的客戶。

在建立客戶背景資料的流程中，業務員要能夠確認決策者是誰、競爭對手是誰和客戶策略，還要想出客戶滲透策略。業務員爲了要建立背景資料，需要拜訪客戶，他們很驚訝的發現，客戶喜歡談論自己和競爭對手，不但主動提供競爭對手的弱點，甚至建議他們如何創造更多的生意。

有些業務員向總經理反應，客戶對該公司的觀感甚至比業務員預期的更好。這對於培養業務員對「聚焦於深入高潛力關鍵客戶」的智慧建立很大的信心。總經理也實行團隊銷售拜訪，在拜訪過程中，一些關鍵的公司營運主管（配銷經理、IT經理、財務經理）會到客戶端參訪，並向客戶建議如何降低成本。

總經理的第二個方法，是爲較小型的客戶設立適當的銷售通路。一開始，他將所有低於特定營運利潤門檻的客戶歸爲內部客戶，指定一個內部的服務團隊（電話銷售）服務這些客戶。接著，總經理成立一個中級市場混合內部銷售團隊，聚焦於六百到七百五十個中型客戶，這個團隊結合了內部銷售與偶爾面對面開會。

總經理的第三個方法，則是教育他們的客戶。舉個簡單的例子，業務員告訴較小型的客戶，他們提供的特定規模訂單有最低金額限制，公司才能夠持續提供服務。結果，**大部分客戶願意改變本身的採購流程和訂單模式，好維持和這家公司的關係**。

三、利潤管理流程：數字會說話

總經理改變銷售薪酬制度，以確定業務員會遵循新的利潤管理流程。根據新制度，直接業務員的薪酬由三個部分組成：四五％是薪資、三五％是佣金，剩下二〇％是由每一筆訂單毛利較前一年成長幅度來計算的紅利。此外，總經理制定了符合佣金資格的最低訂單金額。

利潤管理計畫非常成功。總經理認爲：「（成功的）關鍵是讓員工看到數字，還能向客戶解釋爲什麼。」

總經理將焦點普遍放在提高每一筆訂單的營運利潤，有了驚人的成果。該公司的每一筆訂單營運利潤增加了逾八〇%，淨利上揚逾五〇%。

從只重營收到聚焦於利潤

你的業務員就像車子的前輪驅動：它拉著你穿過市場，不論你的計畫和目的如何，你的公司就像你賣的產品一樣。

那你要賣什麼？要回答這個問題，只要看看你的銷售薪酬制度即可。在大部分企業中，業務員因爲帶來營收，偶爾是毛利或產品單位，而獲得獎勵，但很少因爲帶來「利潤」而獲得獎勵。不過，所有的營業額並非同樣賺錢，這是問題的本質——以及機會。

總經理在沒有增加資本投資的情況下，使公司的利潤增加逾五〇%，靠的是從以營收爲焦點的銷售，轉移到以利潤爲焦點的銷售，他在三方面做到這點：

第一，總經理識別潛力最大的客戶，並且將他的直接銷售資源緊緊聚焦於這些客戶，將這個例子與另一家公司的總裁做對比，那位總裁沮喪的對我說：「我們的業務員就像大黃蜂一樣，在花朵間跳來跳去。」然而，藉由縮小直接業務員的客戶範圍，總經理迫使他們將全部心力集中在滲透和擴大他們與最佳客戶的關係。這確保了公司的關鍵利潤來源。

第二，總經理建立了多層級的銷售系統，最佳客戶獲得密集的直銷關注，中級市場客戶同時獲得內部銷售和偶爾造訪，小型客戶由內部銷售客服人員來服務。藉由這項做法，總經理促使他的直接業務員，將焦點集中在潛力最大的客戶上，並且讓他的銷售資源成本配合客戶所產生的利潤。

基本上，如果一筆訂單或是交易線的毛利，低於銷售和服務訂單的成本，就會賺錢。藉由發展一個多層級的銷售制度，總經理降低了和其他小型客戶的毛利相關的銷售費用。這個制度不只增加客戶帶來的利潤，也能夠更符合客戶需求。如果你公司供應某位客戶整體採購中的極少比例，客戶通常會偏好和你維持簡單、有效的內部銷售關係。

第三，總經理採取一些措施，誘導客戶整合他們的訂單，藉此增加訂單的利潤。他發展新的銷售薪酬制度，並且搭配全面的客戶教育計畫，藉此促使業務員完成這一點。

透過這三項措施，**總經理建立以利潤為焦點的強大銷售制度，以加強滲透最有潛力的客戶，將壞客戶變成好客戶**，並將公司怎麼看也不賺錢的生意，轉爲提升五〇%的利潤。

獲利的魔鬼在這裡

1. 簡單、協調良好的利潤管理流程非常有威力。
2. 利潤地圖是發展利潤管理行動計畫的關鍵，它讓本章的總經理能夠識別適當的計畫組合，並且讓他得到實據，說服他的業務員：他們做的是正確的事情。

3. 看看總經理如何減少每一位業務員負責的客户人數，讓他們將焦點集中在增加他們的高潛力客户的荷包占有率。結果證明，業務員確實完成這點。你再想想：為什麼業務員不在總經理迫使迅速行動之前，自行做這件事？如果你是其中一位業務員，你會在總經理進行改變之前完成這件事嗎？

4. 總經理建立多層級的銷售制度，並且針對所有的客户執行最低訂單規模的政策，藉此有技巧的使公司的商業模式與客户潛力一致，這些利潤槓桿確保連交易量很少的客户都能帶來利潤。總經理做的並非擺脱交易量少的客户，而是設法讓他們變成有利潤的客户。

接下來你要注意……

本部的第十一章解釋如何發展有效的銷售流程，而這一章提供具體實例，說明一家公司如何做到這點，藉此使利潤增加逾五〇%。下一章告訴你如何檢視自己公司內部，尋找最有效用的銷售方法，該怎麼用，才能將所有的業務員提升到最佳水準。

第十三章　你們有最佳實務嗎？找出來

許多經理人請我提供他們可以觀察、複製的業務員管理最佳實務。在我所見過的每一家公司中，答案差不多都存在該公司本身內部。

我一向對一家公司裡怎麼會有這麼多做法感到訝異。想想看：如果你拍攝你的業務員去年所做的每件事，仔細加以編輯之後，播放那些精華部分，我敢斷定，你會看到絕對傑出、世界級的績效。

但是問題出在你剪掉的那些，就是你公司裡出現做法不一致的證據之處。不過其中的好消息是：它顯示，如果你可以把整個團隊納入你自己的最佳實務標準，你就可以賺多少錢。

你的業務員被觀察到的整體績效，是你的最佳實務、一般實務、和有問題實務的加權平均值。要改善損益表，最快和最簡單的方法，是將你所有的員工向上移至公司的最佳實務。對你的業務員而言，這是特別強大的利潤槓桿。

大部分經理人將公司擁有A、B、C級員工視爲當然，特別是在業務員中，他們公司的整體績效反映這項不可避免的事實。就我的經驗來說，這種假設幾乎一向是錯的。

這種觀點的漏洞，在於暗示性的假設，不可能分析、整理、傳授和指導銷售流程或是任何商業流程，好讓甚至是一般能力的員工都可以擁有一致的卓越效能。爲什麼不可能？

工作流程可以轉變，別怕

我回想起幾年前造訪一家大型製造商，當時各家製造商從具備大量製造特徵的長期製程，轉移到包含快速回應系統的短期製程，將生產轉移到快速回應，難處在於，它需要非常快速轉換一個又一個產品的生產線。

例如，一家擁有長期製程的家電製造商，可能每三個月生產某款火爐達三個月，只需每幾天改變生產線，但是同一家製造商如果運用快速回應製造，每天就會生產出不同的產品組合。如果是後者，公司的成功，就取決於想出如何把生產線上的一項產品，快速的轉換成生產另一項產品。

這家製造商開發一個簡單、巧妙的方法來解決轉換問題：製造商的轉換團隊實際上拍攝了自己的產品轉換，整個工作團隊分析影片以識別哪裡可以改善，就像足球隊教練觀看比賽影片一樣。

眼前有了清楚的資訊，工廠工人於是發展出新程序，同時也建立了整理和傳授新轉換方法的方式，以及監督實施情況的衡量方式。轉換時間很快就大幅縮短。

•所講的「標準」，就是最佳實務

醫藥業有所謂「照護標準」的指導原則，如果你在接受手術與醫生面談，他會說明你接下來會經歷的程序，例如：「如果我看到A，我會做B；如果我看到C，我會做D。」

在這項對話中，醫生描述已經爲大家接受的最佳實務照護標準，這些標準是以嚴格的研究和妥善分析的經驗爲基礎，可供全業界的執業者採用和遵守。這些標準代表對最佳實務的共識，主要研究人員和執行者一直嘗試改善照護標準，但是沒有人應該誤認這個流程是「臨時拼湊而成」。

照護標準流程極爲強大，它容許從業人員有系統的分析和識別最佳實務，並且確定所有的從業人員盡可能密切加以遵守，最好的外科醫師一向會是最有能力的從業人員，但是照護標準能確保其他的外科醫師在執業時表現稱職。它也爲主要的專業人員，提供讓最佳實務標準受到持續改善和快速散布最新進展的方法。經理人可以套用這個流程，去大幅改善自己的業務。

•商業照護標準

有些人可能會辯稱，銷售流程本質上不同尋常：每一位客戶都不同，每一位業務員都是獨一無二，要將流程系統化幾乎不可能。

就我的經驗來說，這種觀點會產生反效果，而且是錯誤的。

例如，初步滲透一家應該成爲主要客戶的公司，是商業上最重要但是困難的流程之一。許多業務員，特別是缺乏經驗的員工，避免嘗試滲透高潛力但開發不足的客戶。業務員可能覺得，這些客戶和某競爭對手的關係已經鎖死了，甚至因爲過去的某事件，而對自家公司懷有敵意。但是他們若肯花時間扭轉高潛力、但開發不足的客戶，幾乎總是會有最高的收益。

在許多公司中，我有機會調查這個問題，所得到的結果非常相似。

在每一家公司中，當我訪問彼此獨立的最佳績效業務員時，他們對滲透客戶的流程通常抱持極有條理和極爲類似的看法。他們幾乎每一場會議、每一個月都知道，他們會接觸什麼樣的人和從事什麼樣的活動，而且他們知道每一個點要預期什麼樣的結果。他們了解，流程多少會因客戶而異，而且他們知道要如何處理這些變異。但是，事情很快就趨於明朗：在每一家公司裡，最佳績效員工對事情的看法全都相同。

不過B級和C級員工看法就非常不同，他們對流程的看法差異很大，從極度樂觀到極度悲觀都有。過度樂觀的員工，很快就因爲看似緩慢的滲透流程初步階段，而變得氣餒，至於過度悲觀的員工，則乾脆避開整個流程。事實上，高績效員工甚至可以告訴你，在哪個時點，B級和C級員工會放棄某個改變心意的客戶，並且將焦點轉向比較讓人自在的客戶。

將這種情況與醫藥業的照護標準系統對照，在該系統中，每個人都知道要做什麼、要期待什麼。

以我的經驗來說，公司內的高績效員工，也就是A級員工，各自獨立發現一組最佳實務標準，這套標準和其他的業務員幾乎沒什麼差別。他們長久以來不斷改良這些標準，以容納自然而然發生在客戶身上的銷售過程中的變異。一般而言，這些標準不是系統化的收集和整理，但是它們存在於高績效員工之間的平行實務中。

例如這些高績效業務員談話，很像是跟醫術高超的醫生談話：「如果我看到A，我會做B；如果我看到C，我會做D。」但平行實務到這裡就結束了。

就一般B、C級業務員來說，他們沒有自行發現最佳實務的經驗或能力。銷售訓練往往太過表面化，把焦點放在發展發現客戶需求等普通的能力上，而非協助相關人員嫻熟特定關鍵公司的最佳實務程序。

業務主管通常會聽任「敦促業務員改善業績」或是「零散的指導流程各部分」的錯誤，而不會傳授和訓練最佳實務照護標準。缺乏系統化最佳實務知識和特定流程訓練，會製造出許多企業在銷售績效上經歷的重大歧異。

找出你自己的最佳實務流程

以下是在你自己的公司業務員中建立照護標準的七步驟流程：

一、找出最佳實務

嘗試訪問你自己的頂尖績效員工，將焦點集中在區域管理、客戶選擇和客戶滲透生命週期等關鍵流程，也要注意像銷售拜訪和後續活動等日常基本事項上。

二、整理最佳實務

在此，關鍵是集中在少數可以轉換為可複製流程的高收益活動。舉例來說，用美式足球來比喻你的照護標準，嘗試將世界分成基本面和戰略計畫。基本面包括簡潔的銷售拜訪，或是和客戶端主管及工程師自在談話的能力等事項；戰略計畫包括一個客戶優先順序流程，以及少數妥善指定的替代性客戶滲透生命週期背景資料。

三、訓練流程

最有效的訓練必須止於傳授一般銷售能力，它必須將焦點集中在有系統的指導業務員，適用公司的最佳實務照護標準。例如，在客戶滲透流程中，可能會有少數經過實證的戰略計畫，每項計畫都會有一些可以識別的階段，而每一階段都有特定關鍵活動，每位業務員應該知道公司的最佳實務流程，並且掌握每個階段成功的關鍵技能。

四、指導流程

新英格蘭愛國者隊明星四分衛湯姆．布萊迪（Tom Brady）曾說：「連續贏三場『超級盃』的目標，應該擺在『連續三次優質練習』之後。」在客戶滲透流程中，每一個階段將會有重要的識別時點。比方說，如果某位業務員進入客戶滲透階段，在這個階段中，關鍵要素是和工程師談話，業務主管應該在這位業務員和工程師談話的過程中，指導和訓練他，直到他持續展現卓越的績效爲止。

五、衡量流程

銷售衡量標準往往太過模糊又不夠具體。在滲透客戶時，衡量將一位客戶從某個階段推向另一個階段的進展，是很重要的。有時候，重要的進展並不能產生立即的營收。

六、補償流程

薪酬制度必須與最佳實務流程一致，如果轉變客戶管理很重要，薪酬的一大部分就應該連結到客戶滲透里程碑。

七、不斷改善流程

就像任何照護標準一樣，你的最佳績效員工總是會找到改善流程的方法。關鍵是識別和掌握這些改善部分，並且有系統的將整個銷售團隊提升到這個更好的新層次。

一家公司的經驗

我舉一家公司的例子，說明如何以極有效的方式建立這項流程：

第一，找出最佳實務。銷售部門的執行副總任命一個小組，由兩位高績效區域業務經理帶領，任務是負責發展一項新的銷售流程。小組訪談了公司上下幾位頂尖業務員發現，他們最大的獲利來源，是那些原本開發不足、但重新開發的高潛力客戶。一般的業務員往往避開這些客戶；但是頂尖業務員將這些客戶視爲重要機會。

小組也發現，這些高潛力客戶可以分爲四種類型，反映了他們的採購行爲和目前供應商實力的差異。當小組仔細檢視訪問內容時，他們發現，頂尖業務員在滲透每一種客戶時，全都有非常相似的流程或是戰略計畫，而且他們了解如何快速判斷，哪種做法最適合每位潛在客戶。這些戰略計畫有許多關鍵要素，像是指定銷售拜訪的次數、性質與拜訪對象，需要特定推銷和電訪的時點，以及每一個階段可能出現的結果。

第二，整理最佳實務。小組整合了調查結果、拿給頂尖業務員看。業務員很驚訝別人也想出類似的方法，但是他們同意，這些戰略計畫是正確的，的確能很快判斷哪種戰略計畫符合新轉變的客戶。

第三，爲了發展訓練計畫，小組先向業務經理傳授新流程，他們解釋戰略計畫，並且要求每位經理開發高潛力客戶。起初，這幾位經理對於自己必須走出去、親自向客戶推銷，都感到疑惑，但是他們很快就看到流程眞的奏效。這種親自參與的經驗，在傳授主管如何教導他們的業務員上很重要。

第四，在幾個月後，小組召集業務經理，擬定訓練資料和指導流程。大家決定，指導流程最好的方式，是每位業務員觀察「五個有轉變潛力的客戶」。這讓經理能夠使業務員保持專注，並且密切監視和指導業務員的進度。在這整個流程中，經理找出業務員通常會遇到問題的時點，才能提早介入，協助、指導他們。

第五，小組與業務經理合作，將每項最佳實務戰略計畫分成一連串步驟，每項步驟擁有描述完成該步驟的特定里程碑。此外，他們很快就開始了解，如果要做好事情，每項戰略計畫的步驟和分別需要多少時間。這讓業務經理在審查業務員的進度時非常具體，也能及早發現問題，以目標明確的指導加以介入。

第六，小組改變銷售薪酬制度，分配龐大的獎金實際激勵業務員，並且針對業務員花時間遠離「衣食父母客戶」，提供補償。起初，很多業務員抱怨，得花時間在「五個有轉變潛力的客戶」上；但是幾個月後，他們發現銷售平均成長四〇％，許多原先抱怨的業務員，現在想要十個或是更多這類「有轉變潛力」的客戶。

第七，當小組對新銷售流程變得有經驗時，他們看到業務員自然而然在戰略計畫中，嘗試一些變化。例如有位業務員發現，她可以拜託一位電訪業務員來研究潛在客戶。

另一位業務員發現，有位重要的潛在客戶並未眞正符合任何現有的類別或戰略計畫，所以他發展了一個新類別。一旦公司的客戶發展流程已經編好，並且明確表達，整個銷售團隊就系統化的持續改善流程，還會傳播他們新的最佳實務。每個人對事情看法都相同，流程變得越來越好。

最佳實務由公司起頭

由公司本身來掌控最佳實務最有力的層面，是你的業務員非常願意接受改善。你自家公司的最佳實務，確實是屬於你這家公司的，由公司的頂尖績效員工打造，你公司裡的每個人都尊敬和讚賞這些人。適用最佳實務的客戶才是你自己的客戶，看到的是傳奇性的轉型成功，業務員會渴望了解，自己如何才能夠做到相同的事情。

控制你本身最佳實務的力量，是再好也不過的事。你的照護標準適用於你自己的地盤，你可以快速有效的識別、整理、傳授、指導和傳播這些標準，讓業務員很容易接受和採納，也對你的損益表產生重大、持久的影響。

獲利的魔鬼在這裡

1. 快速增加業務員生產力的祕訣，就在你自己的公司內。檢視你自己的最佳實務，然後自問，你所有的業務員是否有系統的遵循你自己的最佳實務，如果沒有的話，原因是什麼。
2. 以我在許多企業的經驗來說，改變高潛力但開發不足的客戶，是增加銷售最快速、確定的方式。
3. 你可以向你的業務員指出、整理和傳授你的最佳實務，你可以系統化的讓這項實務經常得以改善。

4. 如果你是業務員，為何要等你的公司先行動？為何你不自己先出手？就我的經驗來看，大部分成功的業務員會非常樂於教導其他人，但是記住，你必須對流程（戰略計畫加上策略）有系統式的了解，而不只是搜羅軼聞要訣。

接下來你要注意……

本章將焦點集中在業務員生產力，下一章解釋銷售預測的關鍵性角色。在許多企業中，預測實際上會因爲孕育出自滿心態，阻礙銷售改善程度，但是事情不一定要這樣發展。

第十四章　以潛力而不以現況來預測銷售

「銷售預測」應該是每家公司改善營收的核心，但是經理人往往認爲預測不過讓人分心、無法讓工作有生產力。

銷售預測往往未能發揮潛力，原因是在大多數企業中，大家並未將它視爲規定性的流程，這表示經理人利用流程，嘗試根據目前的績效來預測未來的銷售，而非將流程用來分析、管理和改善營收。這將目前好的和壞的做法同時納入預測中，導致經理人失去增進業務員生產力和公司績效的關鍵機會。

銷售預測通常在兩種情況下出現。首先，配銷商和製造商等公司的客戶是可識別的，預測者嘗試分析、預測銷售管道；第二，在零售商之類的公司中，擁有大量客戶，預測者觀察人口結構和競爭狀況，嘗試把這些因素和銷售聯繫在一起。

假設A公司是家維修產品配銷商，每位業務員負責大約一百二十位客戶：五到十家大型客戶、十到十五家中型客戶，其他一百家則是小型客戶（這一百家有些眞的是小企業，但有很多是可以開發成大型客戶的大企業）。每位業務員拜訪客戶的頻率：大型客戶是每星期一次、中型客戶是每兩星期，小型客戶則是每個月。

業務員使用一種用來追蹤本身進度的熱門銷售管理套裝軟體，這項軟體產生了根據金額、可能性和時機，來計算未來銷售預期價值的報告，這成為銷售預測的核心。

B公司是擁有大約五百家分店的零售連鎖店，行銷團隊已經發展了一個預測模式，在這個模式中，每一家分店的銷售都與其銷售地區的人口和競爭特性有關。根據這個模式，該公司為現有的分店和新地點擬定銷售預測。

這個狀況有什麼問題？

A、B公司都擁有針對財務預測，而非改善業務所設計的預測流程，暗示性的假設企業會繼續其目前的活動，因此可以將這些活動投射到未來。

但是管理的重點完全不同：它是用來識別關鍵的槓桿點、增進業務，和讓公司往好的方向發展。

好的預測目標應該是：發現公司本身的最佳實務，並且將這些改善的做法納入預測中，而非持續採用不良做法。設計良好的銷售預測，應該會加速正向改變；而一般保守的流程，實際上會產生反效果。

配銷商如何預測？

我們從配銷商A公司開始。對這家公司的高層主管而言，成功的關鍵是部署包含兩個步驟、以潛力爲基礎的預測流程。

第一，針對一個地區裡的所有**重要客戶**，預測客戶潛力而非實際銷售情況。這乍看之下可能很嚇人，因爲現在幾乎沒有公司這樣做，但是實際上，經理人可以有效率的做到，方法是將焦點集中在公司本身的最佳實務——它最高度滲透的客戶，並且了解這些客戶有什麼共同特性（例如營收、機器數目）。如同利潤地圖，可以瞄準客戶和銷售地區潛力的七成精確狀況。

根據這項分析，要識別公司其他客戶的顯著特性，以及估計對每一位客戶的潛在銷售量，並不困難。此外，一些良好的商業資料庫顯示大略的客戶潛力，結合起來的狀況通常相當精確，有些電訪往往能夠確認客戶潛力。由於客戶潛力前後幾年通常不會改變太多，一旦獲得了資訊，維護起來就相當容易。

在這個階段，會有一些重要的驚喜出現。過去，因爲實際銷售量很低，而不太受注意的小型客戶中，有些其實是開發不足的高潛力客戶，業務員只要投入足夠的注意力，再加上系統化的訓練，以及使業務員熟悉公司如何改變客戶態度的最佳實務流程，可以促使公司對這些客戶的銷售額大幅增加。

第二，針對於每一位有**重大銷售潛力的客戶**，只要估計客戶潛力和實際銷售之間的差異即可。這種直接明確的計算，爲個別客戶和整體地區都提供了未實現潛力的衡量標準。這也對業務員及其經理提供一個關鍵標準，以衡量業務員將潛在銷售轉變爲實際營收的績效，例如：從這個標準看出一位業務員績效卓越、但是銷售範圍不足，或是績效中庸、但是銷售範圍龐大。

這個觀點對有效的銷售管理和薪酬很重要。

在這種狀況下，業務主管可以指導業務員，將一部分時間用來改變個別瞄準的高潛力客戶，而非只是根據歷史性的客戶銷售資料，來分配業務員的時間。這個關鍵利潤槓桿會快速增加業務員的生產力。

以潛力為主的預測可以非常精確，甚至在營收改變並且改善的背景下亦然。客戶和銷售區域潛力的分析，讓主管和業務員都能夠鎖定每一個區域的最高收益客戶。由於他們可以預測，公司頂尖業務員的最佳實務，會在每位客戶身上產生的銷售量和時機，他們可以在這項營收成長上得到最大值。因為主管可以估計，每位業務員在改變客戶態度並且擴充銷售的相對績效，進而精確的預測能夠達到的最佳實務銷售成長比例。

預測你的零售商

在零售業，以潛力為主的兩步驟式銷售預測流程，同樣也對改善營收很重要，但是這個流程的運作有些不同。

我們回到B公司的個案。這家零售商在許多相關類別中銷售各種產品。過去，該公司發展了一個把分店銷售和一套廣泛標準（例如銷售區域總人口、平均所得、競爭程度）整合在一起的預測模式，它運用這個模式，來預測現有的分店銷售以及尋找新分店的地點。

對這個零售連鎖店而言，改善的關鍵是：部署以潛力為主的兩步驟式銷售預測流程，類似

A公司的流程。

首要是預測每家分店的銷售潛力。就像許多公司一樣，這家零售商在結帳櫃臺收集到客戶的郵遞區號資訊，根據郵遞區號勾勒出客戶的採購情況。他們發現，在分店的銷售區域內，以及在整個連鎖企業中，銷售因爲郵遞區號不同而有很大的差異，甚至當郵遞區號在人口、與分店的距離、競爭程度非常類似時也是如此。管理階層看到這種郵遞區號的差異，就斷定：光是預測分店平均銷售量，並不能提供夠好的答案。

相反的，他們決定估計每個郵遞區號中的潛在銷售。他們建立最佳實務郵遞區號的背景資料，做法是把銷售和相關的因素聯繫在一起，例如郵遞區號人口、與分店的距離和競爭程度。有了這項資訊，他們就能夠估計，每一家分店非最佳實務郵遞區號的潛力，並且預測具有類似特性的最佳實務郵遞區號，會產生什麼樣的結果。這類似配銷商將焦點集中在它最高度滲透的客戶，以預測客戶潛力的流程。

在第二步驟中，經理只要從他預測的潛在銷售，減去每個郵遞區號的實際銷售，就會**得到每家分店營運地區未實現潛力的狀況**。這讓管理階層擁有精確的路線圖，知道要在哪裡部署行銷資源，以扭轉開發不足的高潛力地區。

藉由比較不同分店的實際和潛在銷售，高層主管可以開發它的銷售區域，以估計每一家分店的相對績效。當主管評鑑每一家分店的績效時，他們不只檢視每家分店相對於該分店本身最佳實務的未實現潛力，也要預估銷量頂尖的分店，在每一個績效較低的分店銷售地區，可以取得的其他潛在銷售。

有了這些對銷售地區潛力和相對分店績效的衡量標準，再加上對最佳實務市場開發速度的了解，管理階層可以精確的預測銷售改善部分，預期改善的銷售實務會納入其中。他們也可以將這項資訊當成標準，藉此衡量經理在將分店銷售提升到最佳實務潛力的進度。

在零售業，以郵遞區號為主的分析不是唯一的實用方法，有些連鎖店發現，客戶市場區隔是個強大的預測變數。但是要確實估算市場區隔實際和潛在的銷售，往往很困難，而且不管怎樣，當客戶與分店的距離擴大時，銷售潛力幾乎總是會很快下滑。這暗示，對零售商而言，以郵遞區號為主的分析是很好的起點。

以潛力為主的銷售預測，可以成為快速增加營收的主要推動因素。成功的關鍵是認清，預測不應該建立在過去深植的不良銷售方法上，而是應該在最佳實務能有的潛力上頭，透過上述兩個步驟的流程，推動公司整體績效的明確改善。運用這個流程，主管可以創造非常賺錢的未來，而非只是預測過去的錯誤。

獲利的魔鬼在這裡

1. 銷售預測應該要明確改善公司績效，做法是識別和散播公司的最佳實務。否則，預測只是預估公司目前混和好、壞和一般的做法，這會促使管理階層對於稍加改善平庸績效感到自滿。
2. 如果公司挑戰預測成功，可是預測只預估出普通績效，該公司可能仍有龐大的未實現潛力和龐大的隱性虧損。
3. 以潛力為主的銷售預測，產生了一套區域潛力和業務發展速度的明確標準，這些應該是銷售管理和指導流程的核心。
4. 財務主管要注意：發展以潛力為主的銷售預測，將會讓你對你公司的績效產生重大影響。

接下來你要注意……

這一部的前四章提供一個架構，包括提高業務員的生產力、大幅改善績效的公司具體實例，以及讓你了解如何識別最佳實務和發展以潛力為主的銷售預測，以改善公司的績效。接下來四章告訴你如何建立充滿價值的客戶關係。

第十五章　你的組織是爬蟲類，還是哺乳類？

說到客戶和供應商的關係，有些企業像爬蟲類，有些企業像哺乳類，有些則還不知道自己是哪類。讓我解釋一下。

爬蟲類和哺乳類有兩個重要的截然不同：繁殖和新陳代謝。首先談繁殖，爬蟲類就像蛇一樣，會下許多蛋，希望其中一些會存活。哺乳類就像熊一樣，通常會生幾個幼兒，並且在一段期間內哺育牠們。其次談到新陳代謝，爬蟲類是冷血動物，這表示牠們受環境支配，而溫血的哺乳類有能力控制自己的命運，只不過付出的代價很大。

爬蟲類策略？哺乳類策略？

大部分公司的客戶和供應商關係，都有類似爬蟲類或哺乳類繁殖策略。

例如，很多型錄公司會寄發DM文宣品，給數千名的潛在客戶，他們通常會使用購買來的相關雜誌訂戶和其他名單。如果一家公司達到二%或三%的成功率，投資通常都很值得。這種針對客戶市場的方式，類似爬蟲類的繁殖策略：目錄公司接觸數以千計的潛在客戶，希望其中一些會變成客戶。

在供應商部分，想想那些根據投標信函、從供應商網絡買到大部分產品的公司，它可能會向數十家公司寄出提案要求，也可能從線上系統和市場獲得它的產品。這種買家行爲也像爬蟲類的繁殖方式。

再看看一家擁有完善整合客戶管理系統的企業，觀察它的銷售流程。這些企業審慎定義自己，可以和某家客戶可發展的關係層次，從「一般關係」到整合營運，這些公司裡頭的主管、行銷經理和供應鏈主管合作，繪製出市場地圖，設定合格標準來將現有客戶和潛在客戶分類，這些標準包括潛在利潤、營運配合度、買家行爲，以及配合內部變革管理的意願和能力。

這些企業會建立客戶關係的移轉路徑，他們可能用一套主旨明確的加值服務來吸引新客戶，如果確信客戶有潛力，就將這套服務逐步加入，以加深關係。他們和最有潛力的客戶發展和培養深刻的關係，因開發客戶而得到範圍經濟（多項活動共用一種核心專長，從而導致各項活動費用的降低和經濟效益的提高），同時透過對客戶的知識、客戶給予的信任，並在關鍵客戶內部發動管理變革的能力，建立市場進入障礙。

這種以長時間鞏固銷售的複雜關係，類似哺乳類的繁殖焦點，也就是說，把更少事情做得更好。

供應商是你力量的延伸

供應商命運共同體（大家是有相同命運的組織）是日本的概念，表示買家與供應商關係如同哺乳類，也就是將供應商視為你公司的延伸，並將你公司視為供應商的延伸，這類關係包括了大範圍的資訊分享、更長期的合作，以及擴大規模向一家供應商採購產品。

這麼安排之後，客戶公司和供應商可大幅改善營運效率和品質。夥伴之間對彼此的了解更深，承諾發展長久關係，於是雙方可以調整商業實務，甚至進行長期投資，以滿足對方的需求。如此一來，他們改變了基礎的營運典範和一起做生意的成本結構。供應商命運共同體產生了最終的雙贏。

當然，供應商命運共同體的潛在危險，是企業對某個關鍵事業夥伴極為忠實，這表示，你在選擇夥伴和建立關係時，要非常的謹慎。例如，和對方擬定合約時，一定要納入「遷出條款」（migration-out clause），明確規定，如果任一方選擇退出，要如何以讓雙方都保持完整的方式解除關係。這麼做可以確保「關係」仍然對雙方都最有利。雙方如何分享利益也需要仔細考慮。這些全是可以解決的問題。

供應商命運共同體帶來了許多影響廣泛的利益和可管理的風險。例如麥當勞，一開始就和關鍵供應商採用命運共同體關係，隨著麥當勞成長繁榮，這些供應商也極為成功。

戴爾：鴨嘴獸選擇

想想戴爾，你覺得這家公司是爬蟲類還是哺乳類？我們可能會把戴爾形容為鴨嘴獸似的客戶關係。鴨嘴獸像爬蟲類一樣下蛋，通常會下兩顆緊貼在母親腹部皮毛的小蛋，但牠卻是哺乳類。小鴨嘴獸誕生時，會緊貼著母親的皮毛，母親會照顧牠們。結論是：不要被蛋愚弄，以為下蛋的動物就是爬蟲類。

戴爾透過電子郵件、廣告和網站活動，進行廣泛擴展市場的行動，這麼看來，該公司近似爬蟲類市場開發方式，但是仔細一瞧，戴爾的擴展市場哲學一直是有系統的採取哺乳類方式，它在三方面做到這點：

首先，戴爾有一大部分業務是和大企業客戶進行的，在這類商業活動中，戴爾採用典型的哺乳類式客戶管理。針對大客戶，戴爾在對方企業內建立周延的企業內網路網站；這些網站可以有自訂的配置，以及與客戶協議好的其他特殊功能。

其次，透過定價，戴爾找出老練的重複買家，這些買家在購買過程中或購買後不需要各式各樣的技術協助。戴爾特別將它的產品定價定得比大部分競爭者的產品價格高，運用這項定價策略來選擇它想要的客戶。這項定價政策讓戴爾能夠持續嚴格控制它量身訂製的客服成本。

第三，戴爾仔細分析客戶名單，找出符合公司目標的買家，還有這家目標客戶的購買模式。這讓戴爾能夠將公司的擴展活動，集中在公司想要留住的客戶上，並根據個別客戶最可能購買的時間，將供應項目瞄準他們。

這讓我們學到重要一課。大部分企業一定有準備一些大範圍擴展，或是探測商機的要素，然後加上密集的關鍵客戶銷售。但是成功企業與不成功企業的差異處，在於是否做出明確的選擇，像戴爾這類公司就很清楚決定哪種策略，會主導其市場開發行動。企業缺乏這種明確的選擇，最後通常會處在站不住腳的立場，也就是追求兩種極爲不同的擴展市場策略，而擴展市場的團隊之間通常會立場分歧，兩派人馬會爭奪資源和關注。

誰在掌控新陳代謝？

爬蟲類和哺乳類的第二個極爲不同的重大特質出現了。爬蟲類是冷血動物，這表示牠們不能調節自己的內在體溫，必須尋找能讓牠們存活的環境狀況。想像蜥蜴在石頭上曬太陽，以收集能量支撐牠獵取食物。

另一方面，哺乳類是溫血動物，這表示不論環境如何，牠們都可以讓自己的身體保持一定的溫度。溫血讓哺乳類有更多彈性，隨心所欲做自己想要做的事，但是這種特性需要取得更多以食物爲主的能量，以便爲牠們恆常的體溫提供燃料。用以下的方式想想：冷血爬蟲類受環境控制，而溫血哺乳類控制環境。

我們可以拿這個類比用在個人身上，便可以深入洞悉兩種典型的業務員行爲。如果你仔細觀察，你可以看到，有些業務員擁有類似爬蟲類的銷售策略，而有些業務員在這方面比較像是溫血哺乳類。有些業務員開發市場相當被動，他們發送一般的探測商機資訊，接觸一些有意購買的客戶，他們可能得進行很長一段時期，以探索環境，碰上幾乎是偶然發現的滿意情況，很像是搜尋溫暖岩石的蜥蜴。

當這些業務員發現買家再次上門時，他們總會回頭去找他們，和買家的經辦人隨便聊聊，和對方保持溫馨的關係，有點像在岩石上曬太陽的蜥蜴。這種策略的危險性在於讓環境控制業務員狀況：如果買家的經辦人離職，或是競爭對手和買家的老闆交朋友，這項關係就會終止。

有的業務員在銷售方法上就比較像哺乳類，他們投入心力，開發控制銷售環境的方法，探索新客戶並仔細的辨識特質，以確保自己花下去的時間有得到效益。這種業務員贏得一位客戶時，他的銷售方式，是以勢必會強化客戶滲透率的方式，審愼介入客戶的決策流程。

類似哺乳類策略的業務員，總是會在交談當中留心有沒有改善銷售地位的良機，做法是尋找機會建議新產品、新服務或進一步接觸；要不就是試著了解客戶商業模式如何改變，以針對改變作有利的定位。當你與這種業務員一起拜訪客戶時，可以事先問他拜訪的目標是什麼，這位業務員的答案會非常明確和行動導向，而不只是「讓客戶保持開心」。

哺乳類銷售法會預先花許多精力和時間了解客戶，仔細界定他們的等級、探索他們的發展狀況，並且澈底思索要如何滲透和管理該客戶的採購。這些業務員通常會指出，研究客戶採購模式，以找出客戶購買行爲如何變動的線索，是很重要的工夫，他們總是力求深入了解客戶的事業，設計出爲客戶創造價值的新方法。

就像溫血哺乳類一樣，這些業務員總是會盡力控制環境，而非被環境控制。毫不令人意外的是，他們一向是最成功的，連銷售環境改變和演進時也能延續卓越績效。

記得你是誰

負責監督或執行客戶與供應商關係的主管，應該學到的是：

⊙以類似爬蟲類方式經營的企業和個人可以存活，但會受環境支配。記住恐龍的下場。

⊙類似哺乳類的策略需要更多預先的投資，這需要投入精力、紀律和組織協調，但是採用這項策略的人能取得環境控制權，贏得成功。

⊙注意，不做選擇的後果最糟糕。不論在爬蟲類或是哺乳類的世界裡，不做選擇的企業或個人，註定會碰到最糟的情況，而非最好的情況。多數企業具備兩種策略的要素，但是成功的關鍵是釐清你的基本營運模式，接著促使所有的買家與供應商之間的活動，與這種核心的營運遠景一致。

獲利的魔鬼在這裡

1. 一家公司必須確定自己基本的擴展市場策略：是布置許多線索，希望抓到一些魚，還是鎖定較少的幾件事情，做得更好。前者是爬蟲類策略，後者是哺乳類策略。

2. 兩種策略都可以成功，但是哺乳類策略讓你有機會自己打造自己的未來。回想一下，這一部的前四章都在講這件事：同時具備明確目標和效率。
3. 不能決定要採用哪種策略的企業和個人，一定會在爬蟲類或是哺乳類環境中碰到最糟的情況。
4. 哺乳類策略——把較少的事情做得更好，需要更多深謀遠慮和規則，但是讓你擁有更能預測的結果，也能有系統的分析和改善績效的能力。
5. 想想去年你公司實際上發生什麼事。哪種策略最能說明你的業務活動？你有定期拜訪客户，大體上讓雙方關係保持溫馨，或者你花很多時間，嘗試有系統的開發不同方法做事嗎？你有積極在自己的領域中尋找最佳實務，以便滲透那些開發不足的高潛力客户嗎？

接下來你要注意……

接下來兩章解釋，如何建立新的高價值客戶關係。想發展高度持久利潤、在競爭市場中建立進入障礙，這是關鍵。

第十六章　客服不是成本，是利潤槓桿

花一點時間思考這個問題：你經歷過最糟糕的客服夢魘是什麼？

在最近的麻省理工學院高階主管研討會上，我詢問一群主管，客服對他們造成什麼夢魘。他們提出幾個令人提心吊膽的情節，包括錯過交貨日期、客戶來電沒有接到，再來就是讓著急的客戶一直在等待技術支援。

做到比客戶更了解客戶

接下來，我換個方式問他們：「競爭對手在客戶服務如果採取哪些舉動，將會成爲你的夢魘？」他們的答案有以下這些：

⊙做出我沒做到的關鍵服務。

⊙建立與客戶協同合作的企業文化，使得他們的業務員比我更接近我的客戶。

⊙有組織的爲了客戶而調整，該公司所有部門都能與對應客戶的部門建立密切工作關係。

⊙打進我公司和客戶之間的市場。

⊙製作更好資訊給客戶，用它來提供新服務給我的客戶。

⊙整合多個部門，對客戶提供單一窗口。

同一個問題換個問法，得到很不一樣的答案。這些主管改變答案，反映出目前客服業務出現的重大變動。過去，客服基本上表示公司信守對客戶的承諾，像是「符合客戶期望」和「在客戶需要時提供客戶想要的東西」等說法，反映了這個目標。

但是，現在客服被重新定義，像是「和客戶建立關係」、「主動預期客戶需求」，以及「比客戶本身更了解客戶」等說法，說明了這個新目標。

這些主管全都同意，他們的客戶正在將供應商的數目減少四〇%到六〇%，你想要擴大市場占有率，就必須創造大幅增加客戶價值的客服形式。

這種新的客服觀點需要你掛保證，還得充分了解客戶，替客戶大幅增加利潤。更重要的是，客服創新如果設計良好，通常會降低你的營運成本。建立與客戶的深厚關係，暗示著新的客服定義——共同管理變革，目標是建立創新以增加客戶利潤。

精確市場的時代，商業成功的特徵就是這個。

透過客服來創新

準時提供適當產品以符合客戶期望，這是進入市場一定要做到的事。要使你的公司和對手區隔開來，你可以透過客戶服務的創新，來擴展業務界限，增加你公司創造價值的領域。我把這種做法叫做「以你的現有業務爲中心，來建立更大框架」。

以製造商納爾科公司（Nalco）爲例，納爾科生產水處理劑商品，它在客戶的化學品儲槽上安裝感應器，以便監視儲槽，提早得知客戶用盡了化學品。這讓納爾科在安排補給卡車路線時，節省了龐大成本，甚至因此改善生產排程，在製造上省下更多的成本。

納爾科後來了解，這些感應器還有新用途。因爲納爾科熟悉使用化學品的水處理系統，如果系統正確運作，感應器可以預測，化學品的使用率如何。納爾科開始比較實際和預測的化學品用量，作爲整個水處理系統潛在問題的指標。當問題發生時，納爾科會通知客戶留意。

一家大型系統故障的成本，可能相當於納爾科化學公司每年成本的好幾倍，所以這種監視帶來的利益相當龐大。在續約時，納爾科向客戶提供自己的成績單，顯示該公司替客戶大幅降低了多少化學品成本。

納爾科重新界定自己產品供應項目的界限，提出了讓雙方都獲益的創新客服，客戶節省了化學品成本，納爾科則可以更高的價格供貨，也降低了營運成本。

做到超過客戶預期

納爾科提供有創意的客戶服務，遠遠超出客戶「以準確數量準時交貨」的期望——一種閉關自守的客服。

納爾科超越傳統的界限來擴展業務，開發了更大的客戶價値、阻擋競爭對手、還降低自身成本。納爾科重新界定自家公司的產品，擴展了傳統上對自身業務的界定；他們在自己的業務周圍畫了更大的框框。納爾科確保了最佳客戶會留住，還大幅提高利潤。

你有本事做到差異化嗎？

瑞典的斯凱孚公司（SKF）生產的軸承（bearing，又翻譯爲培林），是另一個創新客服的例子。各家公司的產品差異其實不大；但是斯凱孚分析客戶的需求，延伸自己的產品，以便更充分滿足那些需求，因此在本身的業務周圍外，畫了更大的框框。

也因此，斯凱孚在兩個重要、迴然不同的修護零件市場區隔中營運。在**汽車修護零件市場**（客車和卡車）中，技工在軸承維修上有三個問題：何處可以找到替換的軸承、如何安裝新軸承，還有何處可以取得安裝所需的配件。

斯凱孚的回應是：預製維修套件。這些套件包含維修所需要的一切元件，必要時還把競爭對手產品包進去，並附上安裝素材和指示。

另外，在**工業設備修護零件市場**，機械關機時間所造成的成本，遠高於維修成本。軸承壽命是關鍵，其壽命取決於四個因素：產品品質、如何安裝產品、如何確保軸承不受環境汙染，還有維修品質。

為了符合這個市場的需要，斯凱孚建立了預防性保養計畫，以便縮短因為軸承故障所導致的機械關機時間。這個計畫把很多要素包進去，像是指定潤滑劑、難接觸軸承的自動潤滑裝置、清潔計畫、密封產品，還有監視和維護管理服務。

斯凱孚延伸出這些方法，以便為客戶創造價值——從只是銷售產品，轉變成協助客戶降低產品採購和使用成本。這讓斯凱孚提供了創新的客服，在本身業務四周畫出一個更大的框架。

如果我是客戶，我會……

想讓客服的創新流程跳脫框架，你需要很了解客戶的業務，加上很了解通路成本（你公司和你的客戶的聯合營運成本）。這和封閉式客服流程完全不同，封閉式客服一般指客戶對你績效的回饋迴路和流程調整。

一、了解客戶在想什麼

如果你的創新得增加客戶的利潤，你必須能設身處地為客戶著想。這包含了澈底了解客戶的業務，一般是透過現場觀察和訪談。

業務員通常是一家公司與客戶的主要連結，但是業務員一般是透過封閉式服務，著眼於銷售更多產品。相形之下，跳脫框架的創新，需要公司的營運和行銷人員，直接與客戶接觸或實地拜訪，來取得詳細的客戶知識。

要看出這些潛在收益，關鍵是花費足夠時間在夠多的客戶身上，以了解他們的眞正需要。問問自己：如果你眞的想要改善事情，而且是親自管理它們，你會採取什麼行動來改變客戶的營運？如果你沒有足夠的資訊來確切回答這個問題，那麼花時間有條理的了解客戶，就會相當有效。

重點在於，跳脫框架的客服創新，需要你以新方式來檢視客戶的營運方法，把注意力集中在怎麼做才能改善客戶業務。納爾科和斯凱孚的創新，就是對傳統的客戶關係改採全新觀點，想出這些見解，並不需要你詳細分析或專門技術知識，只需要清楚的遠景和開放的心胸。

二、畫通路圖算成本

了解你提供服務的成本，是第二個關鍵要素。你需要很快抓出你公司和一些普通客戶的成本模式，通路圖可以幫你辦到。通路圖展示供應鏈中的實體產品流程，其中涵蓋了你的營運和你客戶的營運，以及相關時間、活動、成本，和每一個步驟的順序變化，讓你清楚了解現狀，並讓你快速發現你客戶和你公司裡最大的成本（也就是最大潛在效益）匯集處——這些是最重要的利潤槓桿。如同許多策略分析一樣，七〇%的準確率是成功的關鍵。

有家公司以小型工作團隊來畫出通路圖。團隊花三個月，仔細觀察一個營運地區裡幾樣產品的移動和累積，他們追蹤產品在自己公司和幾家客戶公司內，從供給點到消費點的流動。他們明白了基本的消費、產品移動和庫存模式。此外，團隊在每一個階段繪製活動圖（例如，把運輸、從卡車卸貨、存放到倉儲貨架、取得客戶訂單的流程畫出來），然後估算每一個階段的成本。

團隊不僅檢視自家公司的補貨、出貨和庫存模式，也拜訪客戶和供應商，以了解他們的營運情況，看出他們的模式。在客戶公司裡，團隊概略的研究過現場活動的成本，證實自己粗略估計。調查過相當少量產品，以及可控制的客戶和供應商樣本之後，這個團隊收集到實際產品移動和成本結構的明確資訊，根據這項資訊發展了一套成本模式：在產品流程的每一個點上，以數據來描述公司和它的關鍵客戶。一旦活動的成本狀況趨於完整且明朗，團隊就能看出自己公司和客戶公司可以免除的龐大成本。

這時候，團隊決定將焦點放在和最大客戶協調，以改善預測和估計客戶訂單模式的變化。團隊接著將分析擴及其他產品、區域、客戶和供應商，以證實其假設：對著重大客戶，是快速降低成本的最佳方式。

這個團隊粗估可能達到的新成本水準，於是造訪客戶及供應商，使用修訂過的資訊來調整這個成本模式，初步估算出對公司以及對客戶的利益。最後，這個團隊把新系統所需要的關鍵變革都標示出來。

客服，需要策略

企業若是提供架構良好的創意服務組合，就能把自己的定位，從大宗商品供應商提升爲高度差異的供應商。

要發生這種變動，你的服務必須能幫客戶增加利潤。更重要的是，你會將客戶對你的採購流程核心，從只重視減少採購成本的低階員工，移向價值導向的經理人。

你一定是在競爭對手也在活動的背景下，發展客服，而你如果能提供有創意的客服，例如由供應商（也就是你）來管理的庫存，將可以有效阻擋競爭對手搶走客戶。這時候，先進優勢（first-mover advantages）是關鍵。

創新的客服會與客戶和產品流通高度互動，不同的客戶有不同的服務需求、不同的價值感，對變革也有不同的準備程度。你的客服流程必須審愼控管，如果你只是提供客戶一些創新服務項目的選單，會錯失這個關鍵點，因而失敗。

將客戶關係從一般關係變成差異化服務，通常有一個邏輯。有些創意客服打算加深客戶關係，有些服務建立一條路徑、朝向更有價值的關係移轉，有些服務則把關係封閉起來，這都必須有營運經理和業務員加入。

大部分公司幾乎不需要新技能，就可以發展和提供創意客服，一定要的新成分其實是投入：對客戶的業務有新的認識。這包括突破傳統組織藩籬的決心，特別是在你自己的公司內，不能再把銷售只當成業務員的事，公司才能夠將所有資源集中於建立強大的新客戶關係。

最重要的是，大部分的客服創新一開始就會產生現金，因爲不需要的存貨被清除，耗費成本的多餘功能也會被排除。

創新客服在各方面都與封閉式客服不同，它要替客戶創造出新價值，通常會同時大幅降低供應商成本，這是利潤管理的重要部分，因爲它鎖定你的最佳客戶，替你的最佳客戶和你自己的公司增加銷售和利潤。

客服可以創造一些關鍵的先進優勢。你不快速行動，就會有風險：如果最佳客戶在整合供應商，你很可能會因「客服不創新」，而失去這個客戶；你的競爭對手則可能因創新做法，而搶在你前面。

和價格競爭不同的是，如果競爭對手以客服創新贏走你的某位客戶，你可能沒辦法將該客戶爭取回來。反之，如果你有創意並且快速行動，未來幾年都可以保住最佳客戶。

獲利的魔鬼在這裡

1. 在精確市場時代，客服的本質正在大幅改變，傳統客服（準時交付、回電）完全不妥當，開發新方法替客戶增加利潤，是致勝之道。
2. 客戶為了擁有議價優勢，正在把他們的供應商數目減少四〇%到六〇%。你跳脫框架的創新能力，將會決定你的去留。

3. 通路圖，可以幫你看出哪種跳脫框架的創新最適合哪個客户。你得找出最不會引起破壞的最大改善，然後在你的客户當中找到早期採用者。
4. 各位營運主管注意：你在產品流程中扮演核心角色，要和客户公司的營運主管發展關係，才能直接和他們合作。
5. 如果你銷售創新產品給客户，擁有更好產品的競爭對手可能會輕易將你逐出。但如果你用交互連結的商業流程，把關鍵客户拉進來參與一種創新的關係，競爭對手就幾乎不可能排擠你。這種關係讓你憑著客户知識和信任，在客户內部管理建設性變革，建立起強大的市場進入障礙。

接下來你要注意……

下一章解釋，何時以及如何成爲最佳客戶的營運夥伴關係，這種關係特別強大，能降低彼此的成本，增加雙方的利潤，建立更高度的市場進入障礙。實例證明，可以讓你的銷售增加三五%或是更多，即使你覺得已經最充分滲透的客戶亦然。

第十七章 供應鏈：幫他賺、他幫你賺

大多數的公司，四〇%的生意是不賺錢的，而大部分利潤，來自占營業額二〇%到三〇%的業務，你如何確保和擴充這些業務？

客戶的營運夥伴關係是讓你達成這個目標的強大利潤槓桿。

客戶的營運夥伴關係，就是一種緊密連結延伸供應鏈的客戶與廠商協議，這種關係可以帶來龐大的收益，包括：

1. 增加二〇%到三五%的獲利率，連目前讓你最有利潤的客戶身上你都能多賺；
2. 可以讓你轉型為高度差異化服務的供應商定位，即使你原來是經常面臨價格戰的商品供應商也一樣；
3. 與價值導向的頂尖客戶公司主管，而非價格導向的採購經理，建立直接銷售關係；
4. 以轉換成本獲得高度合理的競爭地位。

各產業的龍頭企業紛紛在做一件事——將他們的供應商數目減少四〇%到六〇%，最值得擁有的客戶，正在尋求與較少、但較有能力的供應商，以建立更強的營運夥伴關係，且價格不再是主要的決定因素。這種現況爲開發和提出創意的經理人製造了機會。

反之，未能與最佳客戶發展出營運夥伴關係的經理人，有可能會失去這些重要客戶，將公司的大把利潤拱手讓給搶先行動的競爭對手。

客戶的營運夥伴，這種關係迥異於一般客戶關係，但是大部分公司其實有能力和他們的重要客戶發展這種協議。關鍵是你必須很懂得安排那些管理措施。

醫療器材公司的難題

我們來看看一個案例，這是一家全國性大型醫療器材公司，看看他們如何率先發展出廠商管理庫存系統。這種成爲客戶營運夥伴的關係，讓這家公司將已經滲透最澈底、最具獲利性的客戶，再增加銷售超過三五%。

剛開始的時候，這家公司面臨越來越無法立足的情況，它製造和銷售各種醫療器材，但是主力產品相當缺乏差異性，經常受價格戰的影響。比方說，如果一公升的靜脈注射液價格約爲一美元，一紙五年的合約，將取決於報價是〇．九七美元或是一．〇三美元。

這家公司的業務員拜訪醫院藥劑師，主要注意力都集中在採購人員，而採購只想盡量降低價格，業務員很少和醫院高階主管互動。

其次，這家醫院下訂單的模式嚴重波動，造成庫存、服務和生產問題。這種波動有三個原因，第一，病患診療區裡的護士是偶爾下單，但每次訂的量都很大。第二，雖然醫院同意半週一次的訂單和交貨時程表，但是他們不遵守，幾乎每天下單，而且期望隔日送達。最後，公司業務員常常在推季末銷售。

公司的營運主管一直很審慎控制營運成本，保持人員精簡，但始終很難有效因應內在缺乏效率的情況。

除去巨石陣周圍的雜草

這家公司的總裁告訴我：「我們變得很擅長於繞著巨石陣的周圍除草，從不問爲什麼巨石會在那裡。」

有一天，一家大型醫院請這位總裁考慮成爲他們的主要廠商，也就是透過該公司的倉儲，將醫療器材從各種來源遞送到醫院倉庫，然後統一開立發票給院方的主要供應商。於是總裁成立一個小組來分析這項要求，小組決定順著醫療器材的物流方向，從配銷中心，經過醫院收貨站，到達多家大型醫院的病患使用器材實際地點。

當小組畫出一個有系統的通路圖時，他們看到一個非常不連貫、重複的供給通路。在第一部分，也就是配銷中心內部，該公司收到醫院訂單、準備器材、加以包裝和運送到醫院，並且開立發票。在第二部分，小組看到醫療器材送到醫院時的情景又重演一次：下單、收到器材、打開包裝盒、將器材存放到儲藏室，然後支付發票款項。在第三部分，醫院病患診療區向儲藏室訂購，然後又是將器材收好，擺著。

小組對一些大型醫院進行深入研究，畫出產品流程圖，並評估醫院營運，他們發現，一如預期，醫院器材管理組織的成本很高，他們還發現，在護理部門等單位也積壓了異常龐大的隱藏成本。當小組檢視這些調查結果時，醫院人員對真正的成本感到驚訝。

小組發現，產品送到病患床邊時，總共花掉的成本約為五美元，與送到醫院收貨站時的一美元售價形成天壤之別。在增加的四美元成本中，醫院內部供應鏈吃掉的成本占了大約一半，另一半代表其他外部因素。

令人吃驚的新觀點出現了：原來占成本超過八〇%的業務活動，在這間公司傳統商業定義之外。

多年來，這家公司認為，客戶在收貨站收到產品時，他們的任務就大功告成。這種假設似乎明顯到沒有人想要加以檢討，但是新的傳播和電腦科技，讓公司能夠將業務範圍延伸到客戶的營運當中，以取得雙方的共同利益，不過，以前沒有人看到這種可能性。

開發無存貨系統

這個小組看到下列的做法，相當有潛力促成醫院和公司之間的聯合經濟：

1. 排除多餘的物流步驟和存貨；
2. 揀貨、材料管理、以及資訊處理系統必須改變。

對一些醫院做過仔細的成本分析之後，專案小組判斷，醫院內部材料成本中的兩美元，可以減少三分之一到二分之一，即使對醫院大幅提升服務層級也一樣。

小組和目標醫院討論後，開發了「無存貨系統」的營運夥伴關係模式，這是第一個、同時也是最廣受採用，由廠商管理的庫存系統之一。

小組第一步先分析每一個病患診療區的產品使用模式，明確規定出庫存水位。接著，他們實施這個流程：

公司的現場員工每天或每幾天計算每一個病患診療區的庫存，然後將這項資訊傳遞給公司的配銷中心；公司從此處取得補貨訂單，將貨品打包到應送達的診療區箱子中；接著箱子被直接送到病患診療區，該公司員工在這裡將存貨放好；最後，該公司開立發票給醫院。

無存貨系統對該公司產生重大影響：它將創造價值的範圍，從公司內部轉移到整個供應鏈，讓該公司能夠將售價從〇．九七美元調到一．〇三美元，再發展到規模更大的創造共同價值。它讓該公司可以成為高度差異化服務的供應商，以建立新的競爭定位，該公司在原有業務周圍畫出一個更大的框架。

無存貨系統讓該公司得到四大策略性利益：

一、降低成本

無存貨系統爲客戶和該公司大幅降低了成本。醫院排除了供應鏈中的一些步驟，自己也大幅降低了成本。醫院方面，多出了空間，人員可重新部署到病患診療崗位上。該公司這方面，則獲得龐大的非預期營運利益，因爲無存貨系統使不規則的醫院訂單模式變得平順，此外，無存貨系統業務單位現在的任務，是處理之前由公司客服部門處理的訂單。

二、增加銷售

公司銷售大幅增加，連滲透程度很高的客戶也不例外。直接促成銷售大增的因素是醫院病患診療區的護理長，和該公司派駐病患診療區的協調人員（倉儲組長，而非業務員）之間，形成營運對營運關係。此外，還有幾近完美的服務水準，讓業務員專注於銷售新產品而非解決供應問題。

三、建立與執行長合作關係

總裁能夠與主要醫院的執行長建立密切的工作關係，因爲無存貨系統大幅節省成本、改變了做事方式，重要的新聯合商業計畫隨之產生。

四、增強競爭優勢

該公司建立了超越競爭對手的立即性策略優勢，讓它確保並擴展了最大、最有利潤的客戶。無存貨系統的營運夥伴關係仰賴四項要素：客戶對我公司有信心、我方的執行力經過證明、公司要做出承諾並供應資源，還有了解聯合的「端 vs. 端」業務、「營運 vs. 營運」關係。一旦該公司建立了這種新的經營方式，競爭對手就無法輕易跟進。

供應鍊中非改不可的……

這家醫療器材公司和醫院都必須做改變，我從五個方向來說明：

一、選擇客戶方式

該公司的管理階層很早就了解，選對客戶是成功的關鍵，他們必須非常審慎選擇夥伴，因為他們要發展的關係是非常強烈的。主管要根據客戶的潛在利益、營運配合度、關係程度、改變的意願和能力，仔細篩選和排定優先順序來處理客戶。

二、與客戶協調技巧

在舊的營運典範中，業務員是公司和客戶之間的主要連結點，銷售計畫是機密的，營運人員大都被排除在外。在新關係中，總裁成立一組涵蓋多重職能的客戶服務團隊，有計畫的發展和重要目標客戶的夥伴關係。一旦這個客戶關係的規畫流程底定，便邀請客戶端主管參加。

三、銷售無存貨系統

對醫院執行長推銷營運夥伴關係的流程，迥異於一般的產品銷售流程。由於夥伴關係牽涉到新的客戶 vs. 供應商關係，因此需要密切的執行長到執行長連結。該公司首先將這項流程推銷給一家特別喜愛創新的小型醫院執行長，然後請其他醫院來觀看這項展示。

時機成熟的時候，總裁又組成一個包含醫院執行長的焦點團體，請他們建議，以便知道公司未來要如何把無存貨系統賣給其他醫院。

四、營運模式

許多領域都需要改變營運。

首先，各營運主管要發展新的營運流程，學會估計收益；他們可能比醫院人員本身更了解醫院的內部營運。

第二，營運人員必須學習，在客戶的經營地點管理機密、卻分散的營運方式。

第三，他們必須在不會引起額外成本的情況下重建供應鏈，以提供幾近完美的服務，這樣一來，公司其他還沒有加入新營運夥伴關係的單位，就必須避免動用無存貨系統裡頭的庫存製成品，即使是大型策略性客戶也一樣。

第四，營運必須變得更有彈性，以因應不斷變動的客戶 vs. 夥伴關係，營運主管必須掌握雙重配銷系統的複雜度。

最後，營運團隊必須學習參與網羅多重職能人員的客戶規畫流程。

五、管理方式

由於無存貨系統代表新的營運方式，該公司的管理階層必須率先與關鍵客戶發展更開放的新關係。

營運夥伴關係增加了管理的風險和利害關係，因爲關係變得更複雜，標準更嚴格，失敗可能導致失去一個大客戶。改變管理控制方式和變更銷售獎勵方案是必要的，因爲無存貨系統，季末不必再促銷活動，這使得短期銷售案大幅減少；也因爲庫存水準下降，需要新的獎勵方案來鼓勵營運部門參與銷售。

別當客戶，當營業夥伴

大型醫療器材公司的個案顯示，營運夥伴關係如何能夠大幅增進公司在它最想要的客戶、它的策略定位、其至它的資產產能上的地位。但是，在將這些安排與特定客戶做匹配時，一定要小心謹慎。

當客戶積極的減少供應商數目時，許多企業發現，成爲客戶的營運夥伴關係，是維持和擴大最佳客戶所帶來利潤的關鍵行爲。另外還有一些重要的先進優勢：如果一家公司用營運夥伴關係來保住客戶，就不太可能讓競爭對手侵犯地盤，或是讓利潤受到侵蝕。

建立客戶營運夥伴關係時失敗的企業，主要是因爲他們忽略了根本的管理流程變革。想要成功，經理人必須審愼的區隔客戶群，了解這些密集、高利潤關係只能透過較少的夥伴來發展，有系統的使目標客戶具備夥伴資格，明白客戶關係必須是多層次的。此外，推動夥伴關係的公司，其高層主管必須了解，公司的銷售、營運和管理流程必須發生類似變革。

獲利的魔鬼在這裡

1. 客户營運夥伴關係、大宗商品供應商的客户關係，轉化為高度差異的關係。它們也提供了為你公司和客户降低成本並增加利潤的途徑。
2. 這些夥伴關係需要不同的客户連結方式，以及不同的管理客户關係之道。營運主管是這個流程（針對客户開發、以及整合客户管理）的關鍵，業務主管反而不是。
3. 想想這個問題：如果你是你重要客户的一位經理人，你會如何使客户公司的利潤增加三〇％到四〇％？你會要求你的關鍵供應商做什麼事？如果你知道答案，請加速發展你的營運夥伴關係；如果你不知道答案，那就嘗試邀請關鍵客户公司裡和你公司同層級的主管共進午餐——而且要很頻繁進行。

4. 想想去年你公司的活動。你公司實際上做了什麼事來大幅增加最佳客户的利潤？你和創造你大部分利潤的兩、三成客户，有建立什麼競爭障礙嗎？你是否跟這些客户的高層關係很穩固，因為你提供太多獨特價值，以至於客户連想都沒想過要更換供應商？如果是你最強勁的競爭對手，會如何回答這些問題？

接下來你要注意……

本章和前一章解釋，如何和最佳客戶建立高價值關係，這些關係讓你公司營收成長、高獲利，並建立進入障礙。下一章說明，如何開發和管理你的服務內容，以作爲整個客戶價值組合的重要一環。

第十八章 用服務來加值、而非贈送

許多從事產品製造或配銷的企業人士，他們因爲沒有利用「服務」這種策略性優點，失去重要的賺錢機會。

但這是正常現象。企業人士將注意力集中在管理自家產品上，因此，他們把服務的設計和管理，例如快遞、資訊支援和廠商管理庫存，視爲事後發生的成本，是個必要時得彌補的滋擾成本。

我在麻省理工學院和一群來訪的經理人討論這個主題，在做準備時，我拿到一些資料，建議我怎麼做最能夠處理這些服務，其中有兩個關鍵點：一是工作者要了解服務的成本；另一則是提供服務，就要期望能補償成本，最好能以獲利的價格提供服務選單。

這種想法，會讓你錯失了重大機會。

這種論點讓我想到大約十年前運輸界的情況，那時，大部分供應商根據「運送基礎」來報價，這表示，產品報價內含送到客戶端的貨運成本。一些精明的客戶發現，廠商常常會超收貨運費用，而且以貨運費名目收的錢，比他們從產品實際價格上所賺的錢還多，藉此賺更多錢。

供應商這種做法不會增加價值，只會使客戶漸行漸遠。客戶為了對付這種問題，擬定了貨運轉換計畫，他們根據供應商工廠的提貨價，重新協商產品報價，然後自己支付貨運費用。客戶將這些計畫視為糾正供應商的錯誤，也就是說，這些計畫一再提醒著供應商 vs. 客戶的關係惡化。

策略性的使用「服務」

銷售更多產品可以讓供應商和客戶做更多生意，但是銷售適當的服務，可以讓供應商攻占新的策略性定位、乃至於更多的產品銷售，還有許多其他寶貴的益處。賣服務，這在扭轉供應商淪為商品化和價格戰的趨勢上，具有關鍵重要性。

策略性的運用服務，是重要的利潤槓桿，可以在三個方面帶來機會：新的策略優勢、新的客戶管理和銷售優勢、與降低成本的優勢。

想想前一章提到的那家大型醫療器材公司，它和為關鍵客戶開發一套創新第三方物流服務的全國卡車貨運公司，彼此之間的相似處（一家公司主要營業是製銷其產品，即使技術上這是一項服務，像卡車貨運公司的運輸服務或是會計公司的稽核服務，就眞的是無形的服務）。

醫療器材公司開發了一套新服務，包含管理訂單、庫存和在醫院客戶內部配銷自家產品。卡車貨運公司則設立了全面的服務，以控管主要客戶的倉儲和貨運網絡，這些創新的服務，讓兩家公司都大幅增進了自己的競爭定位，扭轉了公司的命運。

在過去，醫療器材公司根據報價還價的結果，銷售產品給低階採購人員，所以和醫院高層主管的關係很有限。但是新服務對醫院成本和營運有重大影響，因此，在整個服務開發和銷售流程中，該公司高階主管需要和醫院高階主管進行大量的對話。

相同的動力也發生在卡車貨運公司上。起初，該公司銷售大宗產品（卡車服務）給運輸採購人員，這些人根據最低價格採購服務，常常將運輸需求公開招標以找到最低價。本質上，這些服務已變得大宗商品化，也就是誰來提供都一樣。

但是在新的情況中，客戶物流服務的整體組合非常重要和複雜，以至於幾乎沒有卡車貨運公司能夠可靠的提供服務。授予服務合約的決定性因素，在於客戶的高階主管是否相信：他們公司可以信賴卡車貨運公司的表現，相信他們具有幫客戶降低成本的能力，因此，對醫療器材公司和卡車貨運公司而言，緊密、信任的「主管 vs. 主管」關係自然而然發展。

一旦新的醫院服務準備就緒，公司的競爭對手就被有效的阻擋在外，不太容易和醫院官員發展類似的關係。一家公司光是以「一般關係」，想向客戶銷售更多產品，絕不可能取得這種優勢。

在發展新的醫院服務時，一個重要問題產生：該公司是否應該在這個新系統內配銷競爭者的產品？可想而知，競爭者反對，但是醫院執行長要求他們進入這個新系統，否則就會失去生意。而公司自己的產品經理也強烈反對，他們覺得，新服務本來就該用來推銷自己的產品。

該公司執行長反駁產品經理，他知道，公司要成爲可靠夥伴，與各醫院發展新的策略關係，會替醫院客戶創造新價值，隨之而來的是客戶產生深厚信賴。他認爲從長遠來看，這麼做最後必能成功。事實上，成功來得異常快速，銷售幾乎是立即上揚。

有些擁有物流的供應商，比較偏好自己的資產，甚至專門提供自家商品。這麼做，客戶很快就會轉向，對自家產品項目保持中立、感覺會積極採取對客戶最有利行動的服務供應商。

醫療器材公司的駐院營運人員，與醫院的營運人員、特別是護士長，建立了密切、日常的工作關係，這些護士長在產品選擇上扮演了關鍵角色。由此發展出來的客戶知識和信任，形成了競爭對手的進入障礙。結果，公司產品的銷售增加超過三五％，連被滲透程度最大的客戶也成長這麼多。

卡車貨運公司成立的第三方物流服務公司，也有類似經歷，特別是當它的營運人員成爲客戶設施裡的常駐人員時，銷售大幅飆升。

這兩家公司的新服務，都促成供應商和客戶的成本大縮減，因爲醫療器材公司和卡車貨運公司都能夠協調客戶營運與他們本身的營運，藉此節省成本。

服務，替客戶省錢，你還加價

以提供產品爲主業的公司，其主管有明確的機會從策略性的角度，跳過處理相關服務，在有必要時才提供與產品相關的服務，每一次可伺機加價。關鍵是將焦點放在讓客戶獲得重要的策略性機會，以及更大範圍的替客戶節省成本。以下是發展和充分利用相關服務的要領：

⊙**相關服務可以改變一家公司的基本策略定位**，我們在第十七章看到這一點。這對產品逐漸淪爲大宗商品的公司尤其重要。產品經理審慎設計這些服務，就可以加深客戶關係。這讓他們能夠強烈影響客戶對產品的選擇，有效防止競爭對手搶走客戶。

⊙矛盾的是，**新服務越會創造大改變，就越容易推銷新關係**——因爲它掌握了客戶公司主管的心思焦點，這些主管通常是關係導向的價值型買家。想想看，一家只是銷售電子零件給某製造商的公司，和另一家與該製造商發展夥伴關係，以降低製造商成本、和製造商共同設計下一代產品的公司，兩者之間有何差異。

⊙**產品經理可以利用相關服務，以協助客戶改變商業模式**，創造價值。例如，前述醫療器材公司在開發出協力廠商管理的庫存服務之後，因爲創造出另一種新商機，而接觸各家醫院：新的配銷服務，可以支持醫院發展出散布各地的診所網絡。光靠醫院自己，無法管理這種服務的物流。類似的情況是，許多貨運公司轉向第三方物流關係，以便取得知識和能力，來開發業務範圍更大的國際營運或快速進駐新領域。

⊙**將相關服務整合進入客戶規畫和客戶管理**，是很重要的事。一些像是協助客戶開發新營業種類的服務，本質上能讓公司與客戶內部的各經理和營運人員，建立關係與信任。一旦發展出這種信任，他們可以用令人安心和自然的方式去影響客戶選擇產品。

⊙在缺乏策略性、競爭性和客戶管理的背景下，不宜把發展和提供服務作爲簡單的利潤提升方式。收取不實運費，最後導致關鍵客戶漸行漸遠的廠商，這種嚴重錯誤正好說明了這一點。

⊙你必須做好心理準備，拒絕那些不符合你公司服務組合的好客戶（例如，因爲地理位置的問題）。你必須開發一個或多個計畫，提供其他價值。

⊙**提供相關服務往往不會增加成本，設計良好的相關服務反而可以降低成本**，想想醫療器材公司的例子。雖然供應商來管理庫存的服務算得出來有增加成本，但是同時在交貨、產品流程、工廠排程和庫存上節省的非預期供應商成本，遠遠可以抵銷這項成本增加。此外，供應商來管理庫存系統更會促成很大的銷售收益。相同的情況也發生在卡車貨運公司上。

你應該把「相關服務」當成關鍵的利潤槓桿，如果控制得當，它們會提供快速和持久的策略客戶管理，同時降低成本。不只如此，它們大量促成產品銷售。

獲利的魔鬼在這裡

1. 相關服務，這是你和你的關鍵客戶建立價值組合的重要機會，可以強烈增進你的策略定位，並製造出競爭對手的進入障礙。
2. 避免將相關服務視為附屬的利潤中心，你要將相關服務與你的主流產品項目整合，以便為客戶創造最高價值，否則你可能會讓最佳客戶失去對你的信任。
3. 相關服務是你與關鍵客戶轉移關係的關鍵。
4. 設計良好的相關服務，可以實際的降低成本和增加利潤，還會為你的客戶創造出新的價值和新利潤。畫出通路圖，你會看到做這件事的最佳機會。
5. 相關服務是否真的會對公司利潤有所貢獻，決定性的考驗在於，相關服務是否以客戶的營運健全和獲利為考量，而非狹隘的先看對自家利潤貢獻度。

接下來你要注意……

這一部的各章，解釋了如何針對利潤而銷售——如何創造能增加利潤的新收入來源，如何與最佳客戶建立高價值關係。本書下一部解釋，如何針對利潤而營運——如何在供應鏈中建立強大的利潤槓桿。最後一部則說明，如何管理和領導公司，建立持久的高利潤。

第三部

一切營運動作都爲了利潤

不論從事何種行業，所有的公司都得有供應鏈。
這種關係的連結對提高利潤的影響很大：
如果運作順利，不但大幅的提升利潤，
同時也能建立競爭者不得其門而入的強大障礙。

第十九章　別強求沃爾瑪的供應鏈

以下是一個供應鏈難題：你已經了解如何和沃爾瑪做生意，你會怎麼和其他公司做生意？過去十年來，沃爾瑪高調的邀請主要供應商，共同發展強大的供應鏈夥伴關係，以增加產品流程效率，進而增加沃爾瑪的利潤。而許多公司也勇敢接受挑戰，像是著名的沃爾瑪（全球零售龍頭）／寶鹼（Ｐ＆Ｇ，全球最大消費者產品商）聯盟，這個聯盟納入了供應商管理庫存、產品類別管理，並促成其他公司的內部創新。

寶鹼甚至在阿肯色州爲沃爾瑪發動了一支專屬客戶團隊，該團隊代替寶鹼執行了四大關鍵職能：銷售／行銷、供應鏈管理、ＩＴ與財務。在當時身爲核心參與者的一位寶鹼副總裁的眼中，沃爾瑪的財務長成爲寶鹼的關鍵內部客戶，因爲寶鹼的目標已經變成要將沃爾瑪的內部利潤（企業內部各車間和一些經營性職能部門，因生產經營活動有效率而取得的利潤）極大化。

現在的公司主管逐漸了解，該如何建立強大的客戶營運夥伴關係，以便將供應鏈和沃爾瑪這種大型客戶整合起來。但是，大多數公司沒有釐清的是，要如何處理其他（不像沃爾瑪這麼大）的客戶關係？

亂套沃爾瑪模式，害人不利己

關於這個問題，很多人的共同答案，就是嘗試將沃爾瑪的關係應用到所有的客戶身上。這種答案常常顯示在我們展示給別人看，以便讓人了解本公司發展中的供應鏈的投影片：本公司一開始是作爲穩定的供應商，後來演變爲主動的供應商，接著是有效率和主動的供應商，最後成爲客戶營收和利潤的推動者。

看似符合邏輯，因爲兩家公司之間的供應鏈功能，勢必會隨著時間增加複雜度，讓本公司與客戶之間，發展出越來越有效率的營運整合。

但問題在於，發展沃爾瑪式的供應鏈夥伴關係，需要許多資源和管理階層的關注，也需要在營運上配合良好、積極肯做的創新夥伴。**若一味貫徹「沃爾瑪」式的方法，所費不貲且令人沮喪。**

在過去，零售產業的供應商通常會建立一個適用於其大眾市場的高度單一供應鏈，訂單的實務流程是以一體適用的方式來設計，不論訂單的處理效率如何，客戶得到的定價都相同，幾乎不必預測。如果有差別定價的情況，就是供應商在針對主要客戶提供一些庫存（先買來放著）的優惠，但這是例外。產品以客戶要求的方式遞送，不論這種配送是不是沒效率。多年來，這個模式是大部分產業供應商的特徵。

最近幾年，零售商大幅改變，很明顯的在整合，前幾大零售商期望幾年內囊括產業的近半數營收。不過，零售商的創新意願和能力差異很大，創新者才成長快速。零售商長久以來擁有重要的買方力量，但許多零售商仍然將焦點集中在對供應商施加降價壓力，而非透過流程創新來尋求更高獲利。與此同時，也有零售商在整合供應商，越來越仰賴主要供應商一起進行供應鏈創新、取得優先順序，這些零售商以提供供應商擴大的貨架空間作爲回報。

於是，供應商發現，自己得竭盡全力來滿足最大客戶越來越多的需求，同時又得投入過多的資源在較小型的客戶身上。這種不合理的情況，迫使各產業的供應商重新思考自己的客戶關係，試圖延伸供應鏈。

差別對待，把你的客戶分四類

服務差異化是一個流程，在這個流程中，企業針對不同類型的客戶設立不同的服務原則，其中涵蓋了訂單處理週期和不同程度的營運整合。然後你可以用合理價格（不必被殺價）提供卓越、一貫服務，這是重要的利潤槓桿。

這個概念可以幫你發展出一套供應鏈原則，這攸關成功的利潤管理，因爲供應鏈管理能讓你公司的結構和創新計畫，與客戶的潛力搭配。如果你是精明的供應商，可以使用服務差異化來避免一項隱患：過度投資於要求嚴苛的低潛力客戶，但是太少投資於比較昂貴卻有價值的客戶。投資於後者可以促使開發不足、但潛力高的客戶替你帶來更多銷售業績。

服務差異化對你的客戶也有利，因爲客戶能夠根據一套非常明確的服務標準，以及非常一致的服務水準，來規畫營運。但是特殊待遇需要客戶建立嚴守紀律的營運來配合，因爲每一種關係都表示你準備了一套明確的商定程序。

下頁表19-1的服務差異化矩陣，是一個組織和架構客戶關係的方法。在這個二乘二矩陣中，客戶規模用垂直軸表示，創新意願和能力用水平軸表示。

這個矩陣要你把客戶分成四種資料檔：

1. 策略性客戶：有意願和能力組成整合式供應鏈夥伴關係的主要客戶；
2. 需整合的客戶：大型客戶，但是通常比策略性客戶小，也比較沒有意願和能力加入供應鏈創新；
3. 新興客戶：非常創新，而且通常快速成長的小型客戶；
4. 穩定的客戶：一般不願意大幅創新的小型客戶。

每一類型客戶需要一套極為不同的關係和供應鏈結構，我花一些篇幅解釋這四種客戶。

一、策略性客戶

這些客戶會向你保證和要求高度的營運整合、客製化和創新。

首先，供應商和這種策略性客戶應該發展一個一致、長期的商業策略，通常包括一個針對維持關係、共同長程規畫的三到五年策略計畫，這層關係應該有所創新並且包含共擔風險。

表19-1　服務差異化矩陣

客戶規模	低	高
大	**需整合的客戶** *策略和執行流程的配合 ・協同合作，可靠的行動 *以流程來驅動雙方配合 ・協調過的供應和需求鏈 ・生意定案就給予專屬資源	**策略性客戶** *雙方一致、長期的商業策略 ・3～5年聯合長程規畫 ・一起創新、共同分擔風險 *完全整合 ・整合的供應和需求鏈（流程和系統） ・專屬跨功能團隊 ・透過客戶的角度來處理商機
小	**穩定的客戶** *提供可靠的服務 ・一致不變的服務 ・具成本效益 *產品與服務供應項目的選單方法	**新興客戶** *提供功能卓越的服務 ・有彈性 ・要創新 *符合客戶的一些獨特需求 *率先採用、可調整的創新

客戶創新的意願和能力

舉例來說，一家大型的零售商要求一家著名的消費產品公司，嘗試一些有前途的新服務。零售商注意到，供應商從工廠將產品出貨到配銷中心，然後送到零售商這裡，中間多一道（配銷中心）昂貴的雙重處理費用。於是零售商提議，供應商直接從工廠出貨給零售商，跳過配銷中心，以節省成本。雖然這樣的經營方式很新，只對少數大型零售商行得通，但是供應商願意發展一個新流程，讓這件事奏效。

第二，公司的供應鏈要完全整合，包含供應鏈流程和系統。補貨應該是持續不斷的，因此得包含供應商來管理庫存，而非零售商的不連續下單。對策略性客戶而言，供應商應該致力於爲這位客戶建立跨功能的團隊，花費重大資源來了解和改善客戶的結構和業務。

例如，有些供應商率先開發出新供應商管理流程和系統，一路延伸到零售商貨架，而非止於配銷中心。現在的情形是，大部分的供應商出貨到零售客戶的配銷中心時，他們的參與就結束了。但創新的供應商嘗試無線射頻辨識系統（ＲＦＩＤ，產品在被電磁場掃瞄時，用來識別該產品的電子「標籤」），這項科技讓供應商能夠追蹤它的產品，甚至到了客戶的店裡也一樣。這使得供應商能夠發展出觀察、分析和管理零售商整體產品流程——一直到貨架上——的新方法。

二、需整合的客戶

這些重要客戶需要密切有效的關注和資源，但不是範圍很大的客製化，這可以從兩個領域看出來。

第一，供應商和需整合客戶，應該發展一套一致的商業計畫和執行成效計分卡，雙方聯合的商業計畫不會和策略性客戶一樣客製化，計畫的時間範圍較短，但是關係應該是協同合作並互相信任。

第二，公司的供應鏈應該要協調，但不一定要完全整合，供應商應該使用現有的內部流程，來回應整合性客戶的訂單。供應商管理的庫存系統可能適用於這些客戶，可以節省成本，但是並不需要將供應商管理延伸到貨架。

三、新興客戶

這些較小型的客戶非常創新、成長很快，需要供應商給予高度關注，因爲他們的成長，帶來了低風險的機會，供應商値得開發，並展示能快速部署到策略性客戶公司裡的新系統和流程。但這些客戶相當小，供應商需要限制在他們身上的投資。

供應商應該提供新興客戶功能卓越並有彈性的服務，服務要有效率而且大致標準化，因爲量身訂製的服務會導致成本失控。不過，供應商通常能證明，滿足某些獨特需求的做法是正確的——如果這項創新可以調整到和較大、較多的客戶配合。這類客戶很重要，因爲會迫使供應商變得非常創新。

四、穩定的客戶

這些客戶通常反而會造成龐大的成本，因爲這種客戶很單純，但有不同尋常的流程。例如，穩定的客戶老是透過傳眞、而非以電子方式下訂單，而且可能有不尋常的出貨規格。

如何以有獲利的方式供應這個團體？關鍵在於提供服務項目選單，以及清楚的約定規則，例如明定各種前導時間的最低訂單規模、每週訂單，以及僅對配銷中心出貨。利用這種方式，供應商可以提供可靠、始終一致還有節省成本的服務，此外，這麼做也能確保供應商和客戶的交易效率。

供應商可能會針對這類客戶做出轉型策略，有些供應商已經不和這類客戶有直接關係，轉而選擇透過主要配銷商來服務他們。

零售商和供應商經歷了巨大轉變，正在各產業中開始進一步發展。當各個產業的主管面臨看似不可能（沒有客戶能像沃爾瑪一樣）的兩難之境，也就是提供卓越服務的同時，要在客戶的要求越來越高的情況下增加獲利，發展中的多元零售供應鏈提供了我們一個參考模式。

獲利的魔鬼在這裡

1. 服務差異化——和適當的客户群建立適當關係，是你能夠以「合理」價格提供一致、卓越服務的關鍵。
2. 不同的客户群應該得到不同的關係，從高度整合的供應鏈，到一般關係的交易等。服務差異化，就是依規模以及創新的意願和能力將客户分類，為這個流程提供了很好的起點。
3. 服務差異化流程的基礎，是清楚的策略性資源配置：你不可能對每個人都一應俱全和一體適用。用一套一致的客户政策和眾多公司往來，這種方便的想法是很大的誘惑，但卻是大眾市場時代最有問題的傳統之一。

4. 注意，寶鹼在沃爾瑪中發動的整合式客户管理團隊，其組成部分包括業務／行銷部門人員、供應鏈管理、IT和財務，全都是建立和管理一個強大且有創意的客户服務體系的創新關鍵。這比起你公司派到關鍵客户公司裡的客户團隊又如何呢？

接下來你要注意……

第三部的前三章都在討論服務差異化的主題，下一章我要解釋如何建立多重平行供應鏈，這種供應鏈是針對各種客户和產品量身訂做供應鏈，同時還能降低成本的關鍵。

第二十章 只有一個供應鏈？你糟了

說到供應鏈，擁有兩個比擁有一個好，擁有三個或更多可能更好，這和集中採購以取得降價的說法相反，讓我解釋一下。

在幾年前，我曾和一家數一數二電信設備製造商的供應鏈主管會面，該公司生產的產品，涵蓋了昂貴的數位中央機房交換機、桿柱之間的纜線、乃至於業界過去和現在一代設備的替換零件。

我們整天待在會議室中檢討他們的供應鏈，討論讓它更有生產力的方法。高階主管解釋他們的供應鏈如何運作。首先，公司自己製造產品，接著出貨，通常是一卡車、一卡車的載到遍布全國的現場配銷中心；產品會存放在那裡，直到客戶訂單送達爲止。

談到流程時，情況變得明朗：公司經營一個一體適用的供應鏈。例如，該公司生產價格適三萬美元的小型電路板，以便將電子交換設備升級。但這種高價品與公司所有的低價產品一起從工廠到配銷中心，通常要等待卡車裝滿，才會出貨。

兩個供應鏈勝過一個

這讓我產生了一個想法：爲什麼不指派一個人站在生產線末端，將電路板放進聯邦快遞（Federal Express）信封裡，直接寄給客戶？如此一來，該公司會在庫存成本上節省許多錢，即使運輸成本增加。並沒有好理由可以說明，爲什麼這些小巧昂貴的電路板得經過幾層倉儲，等卡車裝滿，然後放進各國的存貨中。

這個解決方案看來很明顯，但爲什麼沒有人老早就看出端倪？答案是，**該公司的供應鏈是早期的設計，當時該公司生產的是完全不同的產品**，這條供應鏈的設立，是爲了有效運輸電話線之類笨重、低價值的產品。這些大量生產的產品，運輸成本遠比存貨持有成本重要，必須把卡車裝滿以後，有效率的運送，然後存放在靠近客戶端的現場位置。

後來，當公司開始製造昂貴、小巧的電子交換設備零件時，經理人順理成章認爲，這些產品照樣經過現有的供應鏈。這是個極爲昂貴的「認爲」。

因此，兩個供應鏈勝過只有一個，該公司需要一個供應鏈來處理它笨重、便宜的傳統產品，還要第二個完全不同的供應鏈來處理它小巧、貴重的電子零件。

說到供應鏈，通常包含耐久設施和設備，像是配銷中心和條碼掃描器。在許多公司中，這種設計反映出公司十到二十年前的營運需求，這也是設備之類製造公司的問題癥結，是目前許多企業的供應鏈績效低落的主要根源。

對許多公司來說，不僅一種規模供應鏈不適用於所有產品，以錯誤的供應鏈規模來使用在大部分產品上面，這種情況出奇的多。

依產品特色來設想供應鏈

我們來看一家服飾零售商的供應鏈。這家公司有三類產品：大宗產品、季節性產品、時尚產品。每一類都需要一個不同的供應鏈。

一、大宗產品

像是白色內褲。這種產品全年持續銷售，利潤通常相當低。這些產品容易預測，而且應該像水流過水管一樣經過供應鏈。庫存主要應該放在店裡，現場配銷中心則放置少許安全存量。這些產品應該以有效率的整車數量來運輸。

二、季節性產品

像是羊毛長褲。經歷難以預測的強勁尖峰需求，零售商必須在旺季來臨前先建立庫存，產品送到店裡的步調必須審慎管理。這類產品的供應鏈比前述產品更複雜。

在季節性或短生命週期產品的零售產業中，以銷售量來劃分，大量商店可以支援比小賣商店更高的庫存水準。事實上，小賣商店裡有很大比例的低標價庫存，也就是產品生命週期後期的庫存；大量商店需要的供應鏈和小賣商店不同，銷量越受銷售季或生命週期影響，越需要有效管理供應鏈。

三、時尚產品

這類產品的特徵是需求非常難測，例如：時尚襯衫。一項產品可能突然大受歡迎，也可能是一項失敗。它可能馬上或者稍後在旺季時大受歡迎，因此需要非常特殊的供應鏈。

舉例來說，西班牙時尚服裝品牌 Zara 利用雙重供貨來源，將一段時間對某項產品的需求視爲海裡的波浪，所有的產品都有平穩、可預期的需求部分（波浪下的水），以及比較多變、無法預期的部分（波浪）。但是，有些產品比其他產品變動更大（更大的波浪）。時尚產品本質上有很多不可預期的大波浪——零售商不知道一項產品何時會變得風行，何時會退流行。

Zara 向成本較高和回應時間快速的地方供應商，取得「波浪」（變動大的需求部分），然後向成本較低、但是回應時間較差的東歐供應商，取得「海洋深度」（平穩的需求部分）。如此一來，Zara 就得到兩個世界的精華。

「節省」是個立刻會讓人注意到的問題，想想看：一家零售商針對來自遠東的時尚產品，架構了一個能以四十八小時回應的供應鏈。如果你在美國商場買了一件流行服裝，資料會傳送到遠東的一家工廠。工廠保有半成品庫存，當天該工廠就會剪裁你所購買產品的補充品，這件服裝會用貨運包機空運到美國，通過專用海關，連夜運載到你購買服裝的店裡，補貨完成。

聽起來很貴嗎？是的，這種加速供應鏈導致服裝的成本增加了幾美元，但是服裝的毛利是新增成本的許多倍，不這樣做，下一筆生意就會泡湯，所以這種做法十分合理。

到目前爲止，我們已經看到供應鏈可以在幾種層面上採取差異化：

⊙因產品特徵——價値、數量（我們可以根據產品的關鍵性和隨時需要的程度，來增加替代供應鏈）；

⊙因產品需求——大宗、季節性、時尚（可以增加來自其他產業的其他類別供應鏈）；

⊙因時間——季節或生命週期的階段（依據季節初期、中期或晚期來管理供應鏈）；

⊙因商店類型——大量、小賣（我們可以增加如專賣店或量販店的供應鏈）。

憑客戶關係，建構供應鏈

前一章提到差異化的客戶服務、針對客戶關係量身打造供應鏈的概念，重點在於要了解「訂貨週期時間」，也就是從客戶下單到客戶收到產品的時間，是非常重要的利潤槓桿（下一章會有系統的解釋如何管理這件事）。

簡言之，量大的長期客戶，應該得到快速的訂單週期時間，以換得大量的生意與繼續合作。偶爾上門的客戶應該給予較長的週期時間，而你則從中央庫存取得產品，如果偶爾上門的客戶想要更快速的服務，應該由他們來將他們和你的關係升級（常買、多買、高價買）。

關鍵在於，你得對每位客戶兌現你承諾的訂貨週期，但是要根據你們之間的生意關係，對不同客戶承諾不同的訂貨週期時間。這同樣適用於你與關鍵客戶的營運整合程度（如同前一章所解釋）。針對不同客戶關係設立不同的供應鏈，從經濟考量和行銷考量來說都合理。

未來的供應鏈

有個重大的改變在供應鏈管理中發生。在大眾市場時代，多數企業建立的是一體適用、大眾市場導向，而且相當靜態的供應鏈。儘管有些企業會同時擁有雙重供應鏈（常規訂單和急單），不過配置一旦安排妥當，事情並沒有多大改變。

過去的靜態供應鏈反映兩個因素：直到最近，供應鏈的ＩＴ還不具有動態管理的能力。另外，每個人都用同一套後勤體系，所以沒有設下什麼競爭障礙。

當我們進入精確市場時代，就得快速因應事情。現代供應鏈的ＩＴ變得更有動態管理能力，可以適時把正確的產品指派給適當的供應鏈。幾乎每一個產業的競爭對手，都在使用某些供應鏈創新來領先群倫。

未來供應鏈的景象是這樣的：產品透過看似水管、活瓣和蓄水池網絡的供應鏈，從供應商流通到客戶手上。產品流程是由精明的供應鏈管理者決定，使用了考慮過上述種種因素的智慧型供應鏈ＩＴ系統。

ＩＴ系統會識別每一個產品／客戶情況的主要特性——產品在其生命週期的哪個階段、客戶訂單模式的規模與變動。根據這一點，ＩＴ系統會引導產品流經最符合情況的預定供應鏈。當情況改變時，產品流程會轉往一個不同、更適當的供應鏈。供應鏈因此將變得更爲動態、更有回應和符合成本效益，擁有視情況需要投入和流出預定流程計畫的產品。

如此一來，企業將以非常彈性和符合成本效益的方式，部署多重平行供應鏈，這些創新的新供應鏈，將會讓企業能夠以更低的價格，對客戶提供高度量身定做的服務組合，藉此增加本身的利潤。

很快的，競爭壓力會迫使大部分企業採用動態、差異化的供應鏈，而且其中有很明顯的先進優勢——率先建立這些創新系統的供應鏈管理者，將會創造強勁的利潤來源和競爭優勢。

獲利的魔鬼在這裡

1. 大部分的供應鏈資材，像設施和設備等，壽命很耐久，因此，在許多企業中，它們已經追不上發展中的商業需求，造成許多缺乏效率的情況，特別是採取一體適用的配銷系統企業。
2. 有了審慎的思考和目前已經問世的軟體，供應鏈管理者可以建立特別針對其公司產品和客戶需求打造的多重平行供應鏈。

3. 多重平行供應鏈不需要對實體店面進行新的資本投資，相反的，在管理完善的供應鏈中，預定的戰略計畫和決策規則，可以讓你以不同的方式，引導你的產品流經你現有的設施，以滿足你變動不定的產品和客戶需求。這大幅降低了成本、並提高了獲利率。
4. 仔細監視你的產品和客戶，這是很重要的工作，因此你的供應鏈也成為一種動態、快速變動的產品組合，從一個戰略計畫變成另一個戰略計畫，以因應你不斷變動的商業需求。

接下來你要注意……

前一章解釋，如何讓你的供應鏈整合程度配合你和客戶的關係；本章說明如何建立多重平行供應鏈，讓你的公司從一體適用的客戶方案，變成總是爲你的產品和客戶做適當事情的解決方案。下一章延續服務差異化的主題，教你如何發展一套爲了滿足客戶實際需求而量身定做，同時卻又可降低成本的客服政策。

第二十一章　克服客服的困境

「客服」是最重要、但也是最少人了解的一種利潤槓桿，多數經理人可以同時改善客戶服務和降低成本，但前提是，你必須重新檢視、界定幾項與管理客服有關的重要假設。

有家大型工業公司發行部門主管遇到難題，他負責一條品項繁多的產品線和許多現場倉庫，但是客戶服務出了問題。客戶訂單達交率（準時交貨率）越低，送到現場倉庫的庫存就越多。倉庫塞滿存貨、成本失控的增加、客服持續惡化，這三個現象似乎無止境的繼續惡性循環下去。

當發行部門主管和其他主管開會討論問題時，業務與行銷部門主管大聲說：「我們的客服政策就像鐘擺一樣，這一刻鐘，我們在成本上拉警報和削減庫存，因此服務惡化，客戶大聲抱怨；下一刻鐘，我們把倉庫塞滿滿，成本一發不可收拾的節節升高。客戶不信任我們的服務，所以他們要求的交貨時間越縮越短，讓人無法達到他們的要求，我們怎麼擺脫這種循環？」

好服務不必砸成本

許多企業面臨成本節節升高和服務頻出問題的困境，而管理者的因應之道，多半是試著在成本和服務之間找到適當的平衡。有兩全其美的方法嗎？

傳統解決方法的問題在於，對於利潤最有影響力的客服管理行動，並不是在一體適用的服務標準和失控成本之間重新「平衡」一次。最有成效的行動，是創造差異化的服務——針對不同類的客戶和產品，設定適當的訂貨週期（收到客戶訂單和客戶收到產品之間的時間），管理者就可以用合理的成本，對所有的客戶提供幾近完美的服務（兌現對客戶的承諾）。

這是所有公司都很常見的問題。有些公司必須在各地區的現場倉庫中，存放許多昂貴的存貨，以備「不時之需」，而有些公司則必須安排成本很高的服務人員，例如安裝人員、維修技師，或是軟體顧問。本章以一家有不少庫存的公司當例子，來說明服務差異化，但是這項原則也適用於其他服務業。

關鍵問題在於，**如何設定適當、差異化的訂貨週期**。管理者可以利用一個包含三步驟的流程，來發展一個極具利潤的服務差異化策略。

一、了解客戶真實的需求

這聽起來夠簡單了，只要問客戶就好了，對吧？但是，直接問客戶需要什麼樣的訂貨週期，你會遇到兩個問題。首先，客戶可能不知道自己眞正的需求，特別是採購部與營運部分開的公司。由於不了解自己要哪種訂貨週期，最安全的做法是讓採購人員要求越來越快（於是越來越貴）的服務。其次，大部分客戶如果不相信供應商會兌現交貨承諾，就會要求越來越短（讓供應商越來越累）的訂貨週期。

事實上，儘管**所有的產品都需要毫無瑕疵的服務，但是不同的產品需要不同的訂貨週期**。想想以下醫療器材產業的例子。諸多產品，像是大量、關鍵，以及客戶儲存成本高的靜脈注射液，需要緊密的訂貨週期。不過，只要供應商極爲可靠，其他產品倒是可以輕鬆的容忍更長的前導時間，這些產品包括許多消耗較慢、擁有足夠現場客戶安全存量的產品，像是零碼繃帶，以及有預定用途的產品，像是特定外科醫師可能想要試用的特殊手術刀。

了解客戶真正需求的唯一方式，是花時間在客戶端，觀察產品庫存和使用模式，並且與客戶在適當的訂貨週期上建立共識。雖然這需要投注時間，但是改善服務和降低成本的收益將會很高。

二、使訂貨週期與客戶關係一致

並非所有的客戶都一樣重要，不過從大部分公司的配銷政策來看，你絕對不會看出來這點。對大部分倉庫來說，除非要對某項關鍵產品進行嚴格配給，否則長期以來的規則就是「先來的先供應」。

「先來先供應」的問題在於，這麼做會危害你的最佳客戶——很忠誠又持續大量下單的重要客戶。當偶爾上門的客戶突然大量下單，通常是因爲這家客戶的原主要供應商缺貨，這尤其會出問題。

大部分公司的訂單履行和服務評估系統，不會區分重要客戶與間歇下單的客戶，而給予相同的訂貨週期承諾。不論哪一類客戶收到不完整的供貨，衡量服務層次的標準也都顯示發生程度相同的問題，但是對你業務的衝擊將會非常不同。

因此，銷售團隊和供應鏈團隊應該聯合起來，針對不同類的客戶訂定適當的訂貨週期。

三、使你的供應鏈與訂貨週期一致

一旦你爲不同產品和客戶界定適當的訂貨週期，下一步就是使供應鏈符合這種界定，以便用低成本產生幾近完美的服務。

「客戶服務矩陣」是關鍵的管理工具，它將客戶和產品區隔成四個象限：核心與非核心客戶，以及核心與非核心產品。管理者可以對每一個象限指派適當的服務間隔，這個矩陣提供一個聚焦的方式，讓銷售部門和營運部門密切合作。

表21-1　客戶服務矩陣

產品 ＼ 客戶	非核心	核心
核心	3 天交貨	1 天交貨
非核心	5 天交貨	3 天交貨

表21-1用服務間隔來顯示「客戶服務矩陣」。我們回到醫療器材公司的例子，以說明這一點如何運作。

核心客戶／核心產品。這個象限顯示你的重要客戶所訂購的重要產品（例如針對重要醫院客戶的靜脈注射液）。訂貨週期必須短，因爲客戶在現場只保有最低限度的庫存，缺貨所導致的成本非常高。你應該在最接近這種客戶的現場倉庫存放這些產品。

非核心客戶／核心產品。這可能是偶爾上門的客戶訂購的靜脈注射液。就是這個象限的狀況會造成大部分的客戶服務問題。

很多業務員往往會擔任這種偶爾上門客戶的支持者，辯稱這是朝業績成長目標邁出第一步的機會。問題在於，公司要準備足夠的地方庫存，以同時快速滿足常下訂單的忠實客戶、以及偶爾上門但有時突然大量下單的客戶，要準備這麼多庫存，成本昂貴得令人望而卻步。

如果你不區別這兩類客戶，並且優先服務忠實客戶，你最後會永久失去最好的客戶。大部分的公司會遇到的是，重要客戶得到有問題的服務，於是以後堅持越來越快速的交貨時間。

這個困境的解決方案，是對偶爾上門的非核心客戶，提供較長但是合理的服務間隔。

在「客戶服務矩陣」所舉出的範例中，核心客戶得到一天交貨的服務，而非核心客戶在核心產品上得到三天交貨的服務。這讓供應商有餘裕從一個地區倉庫調來產品，以交付偶爾上門客戶的非預期訂單。儘管非核心客戶訂單本來可以更快速履行，但是你額外給予的交貨時間，可以讓你能在不需要準備緊急應變庫存，而導致龐大成本的負擔之下，兌現服務承諾。

核心客戶／非核心產品。以我舉的範例來說，這個狀況可能是一個大型醫院客戶訂購新類型繃帶來試用。大部分公司會遇到的狀況是，你承諾了不當的送貨時間，結果導致了過高的配銷成本。

這種狀況下，其實即使是你的最佳客戶，也會接受較長的訂貨週期，例如三天，因為他們在現場保有充裕的安全存量，或者這項產品並不關鍵。這個額外餘裕的訂貨週期時間，讓你能夠在當地的現場倉庫中只保有少許庫存，並且在必要時，從一處區域倉庫調來存貨，以支援這個情況。

非核心客戶／非核心產品。在此，想想針對偶爾上門客戶需要的零星繃帶。

在這個狀況時，應該設定訂貨週期，讓公司從別區倉庫將產品調到當地倉庫，或是直接從中央倉庫將貨運來。在「客戶服務矩陣」範例中，這個間隔設定為五天。較長的間隔，讓管理者能夠從當地或地區庫存運貨，以優先服務忠誠的核心客戶，同時以省錢的方式從地區或全國設施服務偶爾上門的客戶。這麼做，你就不必在每一個當地倉庫保持大量的庫存，便可以符合承諾的交貨日期。卓越的服務和兌現承諾，全都只需要最低限度的成本。

緊抓客戶的祕訣

針對不同客戶和產品，設定適當服務完成天數，這種服務差異化在三方面產生了更好的獲利和關鍵的競爭優勢：

第一，你的服務層次（所兌現的承諾）將會提升到幾近完美的水準，讓你緊緊抓住你最好的客戶。

第二，幾乎所有的客戶，甚至是偶爾上門的客戶，都會強烈偏好你極爲可靠的服務（可以較長、但是已經取得共識的訂貨週期），而非競爭對手的服務（提供較快速服務，但是可靠性較低）。

第三，公司的業務員會得到推銷升級關係的機會，他們可以對偶爾上門的高潛力客戶提出更短訂貨週期的獎勵方案，好讓客戶提高購買數量並養出忠誠度。

只要仔細思考客戶的實際需求、考量你的客戶關係和供應鏈成本結構，就可以解決客服困境。服務差異化，是許多公司面臨高成本／低劣服務惡性循環的解決方案，它是將許多問題客戶和問題產品，變成有利潤客戶和能獲利產品的關鍵利潤槓桿。

獲利的魔鬼在這裡

1. 所謂「卓越客服」的本質，一向是：對客户兌現承諾。
2. 但是明智、有利潤的客服，關鍵在於，對需要不同類產品的不同類客户做不同的承諾，然後記住：一律要兌現這些承諾。

3. 在建立差異式服務訂貨週期時，你需要平衡真正的客戶需求、你實際的客戶關係，以及你的供應鏈成本結構。讓這些項目保持一致，會建立一個超強利潤槓桿，這個槓桿可以將許多不賺錢的事業，變成優良事業，並且將利潤微薄的事業變成卓越的事業。
4. 所有的客戶，甚至是偶爾上門的客戶，都會強烈偏好你可預期、無瑕疵的服務（甚至他們會答應你較長的訂貨週期），而非競爭對手的服務（承諾提供較快速服務，但通常未能信守承諾）。

接下來你要注意……

本部前三章解釋如何發展低成本、但服務卓越的供應鏈，下一章會告訴你如何與關鍵客戶合作，使他們的訂單模式更平順、更可預期。你會知道如何使用這個利潤槓桿，爲你公司和你的最佳客戶降低成本。

第二十二章 在流程中創造利潤

產品流程管理是經理人可以增加獲利、嘉惠重要客戶的重要利潤槓桿，你的目標是影響你客戶的訂單模式，因爲那是推升你營運成本的最大因素之一。

不穩定、難預測的客戶訂單，害你必須保持大量緊急應變庫存，要不就是維持過多的服務人員，以免影響關鍵客戶的核心產品和服務需求。大部分經理人只是假設，客戶的訂單都是未知的事實，而他們的工作就是盡可能有效率的回應各種訂單。這個假設的成本極爲昂貴。

有些聰明的經理人已經了解如何和客戶合作，以改變客戶的訂單模式，讓它變得較穩定可期，或是訂單數量改變了，變得可以更有效率的處理。如此一來，他便能從管理產品流程得到可觀的利潤。不只製造業，想管理客戶服務訂單的公司也都適用這種管理原則（請參考第十二章，有提供這個流程的好例子）。

一家工業耗材公司的個案，可以說明產品流程管理的威力。

一味改善缺失，只會隱藏真正的問題

這家工業耗材公司遇到了許多地方都需要建立設施的好事，但也面臨客戶要求大幅提升績效的壓力，因此授權營運部門主管進行遍及全公司的研究調查。爲了以新方式檢視公司業務，營運部門主管將他的焦點，從公司的內部營運，轉移到產品經過整個通路（包括客戶和供應商）的流程。

首先，他決定拜訪一些關鍵客戶，看看他公司將產品送到客戶的收貨站後，產品會碰到什麼情況。結果他大吃一驚。客戶營運部門內部的一般使用者，幾乎是持續不斷的消耗他大量出貨的產品，每天或每週的波動不大。但是當他檢視這些客戶的訂單時，呈現出來的卻是異常不穩定的下訂單模式。

由於這都是關鍵客戶，而且產品攸關他公司自身的生產流程，所以不可能不立即履行訂單，這迫使他公司必須承受極高的庫存。此外，因爲這些產品和客戶很重要，他的製造團隊經常必須中斷本身的生產排程，以因應關鍵客戶的非預期下單。而當這種情況發生時，工廠又會回過頭來，對供應商發出代價昂貴的緊急訂單。

這種非必要的燃眉之急，嚴重影響供應鏈的每一個人，而且導致公司成本負擔大增。

當營運主管看到這一點時，他想知道，問題的起因是所有的客戶，或者只是一些客戶會這樣下單，便決定檢視一些關鍵產品，並且抽樣分析一個區域所有客戶的下單模式。

這位主管查看三個月來每一位客戶的訂單，發現是幾個大客戶造成大部分的問題。他很高興看到大部分大客戶相當穩定下單，小型客戶的下單總量則大致上符合一個平均數。**少數能下龐大且不可預料訂單的關鍵客戶，製造了引發如此衆多問題的產品需求尖峰**，這讓他感到擔心，因爲他們是擁有長期合約的忠實客戶、而非偶爾上門的客戶。

當他追蹤訂單的影響力，他看到供應鏈當中的每一家公司向下一家公司下訂單時，這些需求尖峰會攀高，他也看到，這些不穩定的訂單對客戶而言也是代價很大。

情況變得很明朗，每個人都想要盡量有效回應根本就不合邏輯的下訂單模式。這位主管很驚訝的發現，**每家公司都有經理人甚至會因為改善回應而得到獎勵，卻沒有人表示，根本問題在於訂單模式本身全都是錯誤的**。

爲什麼沒有人看到？因爲問題隱藏起來了，因爲這種亂糟糟的下單模式存在於不同公司之間，而非在一家公司內，每一個人都在假設。客戶訂單只能是假設會發生的事實，而他們的工作就是在眞的發生時，盡可能有效率的回應。

從關鍵大客戶下手改流程

解決方案似乎出奇的簡單：採取行動，處理最容易引起波動的幾位大客戶。如果公司能夠做到這點，僵局就可以打破，產品在通路從頭到尾都會平順持續的流動。

這位主管想出解決方式，他決定對造成問題的一些關鍵客戶，擬定相當簡單的常規安排。他的公司提供半週一次交付預定數量的常賣型大量產品，重要的是，他的公司每個月和客戶開會檢討和重訂交付數量，並擬定緊急應變計畫，以便之後若有非預期的需求產生時，可加速處理緊急訂單。

這種做法穩住了這些重要客戶的產品銷售流速，而公司本身則大幅降低庫存、控制製程，而且他公司的工廠部門再也不必對供應商下緊急訂單。

結果成效相當驚人。**公司的營運成本下降超過三五%，庫存減半，公司不用再進行數百萬美元的資本計畫，缺貨問題幾近排除**。勞工成本大幅降低，因為倉庫現在有更多穩定的工作量。有了穩定的客戶訂單，許多大量產品可以用接駁式轉運模式，流經配銷中心，直接從補貨卡車轉進交貨給客戶的車道，不需要先進倉存貨和揀貨。

公司的營運主管也發現，當他們得到關鍵客戶的這類長期訂單時，他們可以用標準配置將產品放到棧板上，這樣客戶就可以輕易的找到每一項產品，而非在一堆混雜各色產品的箱子中，翻找自己所需。這讓客戶很容易就收到產品並且加以存放。這一點看似小幅改善，其實對客戶的營運人員有很重要的好處，整個流程大幅降低客戶的處理成本和庫存。

由於現在訂單模式已經可以預測，公司穩定了它的製造排程，這讓公司長期預測、穩定發布產品給自身的供應商，並且確實承諾採購物料；相對的，供應商願意大幅降低價格，並且保證供應無虞。通路上下的每一個人都獲得重大好處。

公司的銷售流程則以預料之外的方式得到改善。新系統讓業務員不必花大量時間處理客訴，能夠專注於向一般使用者銷售。新關係和信任感，因雙方新成立的定期營運檢討會議而發展，參加會議的人包括公司營運主管，和客戶的採購及營運主管。公司可以加速聚焦於更有效益的銷售活動，輔以產品流程的效率提升，又促使許多大客戶擴充了對公司的採購。關鍵客戶銷售大幅增加。

即使這家公司以精密管理著稱，而且妥善管理客戶和供應商，他們還是花了數年，才發現這個明明很簡單、明顯的解決方案。不過，他們有個主要競爭對手也曾採行類似的長期訂單系統，結果卻失敗。

這引發了兩個問題：

一、為什麼要這麼久才認清流程問題？

要回答第一個問題，我們先來看，公司在管理產品流程時，常碰到的三個狀況。

第一，以前不知道改善問題的機會，或根本不知道問題在哪裡。這家公司的營運及製造部門主管，將下訂單和補貨模式純粹視為一種假設會發生的事實，也就是認為不在他們的掌控之內，於是把注意力集中在盡快給予滿意回應。營運部門之前所有的改善行動，都是在這個傳統的內省架構內進行。

直到這家公司有位主管發願挑戰一切障礙之後，改變客戶訂單模式的可能性，以及透過產品流程管理大幅改善公司績效的多層面影響結果，才在公司、客戶、甚至是公司的供應商（總共超過五百家公司）當中浮現。

第二，儘管公司擁有精密的電腦能力，卻缺乏了解公司之間產品流程的許多成本資料。這位有見解的主管必須收集新的資料，以分析訂單模式及其成本。而公司的客戶和供應商在自身的營運分析以及成本會計系統上，都有類似盲點。

第三，採行新的長期訂單系統，需要組織做出變革。許多經理會受到影響：區域營運經理得定期與關鍵客戶開會，檢討服務並調整長期訂單的訂貨水位；設施經理得重新配置和縮編倉庫；物料經理要在公司的界限之外追蹤產品；採購經理要與供應商發展長期的採購承諾，以換得降價以及優先服務和緊急支援的保證；製造經理得改變排程和程序，以便從新的需求模式獲得新效率。

二、競爭對手敗在……

主要競爭對手失敗，因爲犯了一個錯誤：將長期訂單的安排，當作對客戶的新行銷計畫。這項計畫有三個致命缺陷：第一，未能只做一件事：抓緊消費相當穩定、但訂購模式不規則的關鍵客戶或產品，卻想發展出一個嘗試做太多事的鬆散系統；第二，這位對手忽略了要經常和客戶的營運經理開會，而且沒有建立緊急機制來監視和調整運送水準、或是快速因應計畫實施後的預料之外問題；最後一點，未能重新配置公司的配銷設施、重新組織公司的製造和供應流程，以取得新的成本效率。

流程管理——找出該集中火力的地方

產品流程管理是強大的利潤槓桿，可以增加公司利潤，提升客服水準，同時加強對關鍵客戶的服務效率和獲得的利潤。

前一章解釋如何根據你和客戶之間的關係，讓訂貨週期配合實際的產品需求。本章所提到的增進產品流程管理效率，最大的獲利機會就出現在「客服矩陣」的核心客戶／核心產品象限，在這裡，大量的產品流向大型的客戶。在這個關鍵象限內，訂單模式歧異是高庫存和昂貴營運成本的主要因素——對你和你的客戶都是如此，而且這是你應該集中火力，以取得最大利益的地方。

藉由和核心客戶發展出強大的營運對營運關係，你可以高度影響客戶的下訂單模式。產品流程管理是一項關鍵的利潤槓桿，可以爲你公司、你的客戶創造雙贏。

獲利的魔鬼在這裡

1. 產品流程管理——消除客户訂單模式中的波動，讓它們更能預測——可以對你的成本和利潤產生非常重大的影響。它對你的最佳客户帶來相同的好處。
2. 產品流程管理的最大影響力，來自與為數極少的關鍵客户、在其消費量大的產品上合作。

3. 在大部分公司當中，營運經理只是單純的假設、客户下單是假設事實，於是花費大量時間和資源，試圖要給予客户最佳回應。當公司與客户合作打造和管理客户的訂單模式時，所獲得的效果意外強大。
4. 在太多的公司裡，經理並不會以系統化的方式，檢視關於客户訂單模式的資訊，因為這項關鍵的利潤槓桿，並不在任何人的職務範圍內。這是大眾市場時代另一個造成問題的舊傳統。

接下來你要注意……

客戶服務遠比大部分管理者所了解的還困難，這就是爲什麼它會成爲如此強大的利潤槓桿。有了一套明智的客服政策，你就可以採取許多做法，來提高客戶滿意度，甚至能夠同時降低你的成本。下一章會告訴你做法。

第二十三章 便宜我，滿意你

等待慢吞吞的電梯時，你會做什麼？

好幾年前，有家公司剛蓋好一座大樓，卻發現電梯速度慢到讓人無法忍受。可是，重新設計會額外花一筆高昂費用，他們可以怎麼辦？

建築師思考了這個問題後，想出一個很好的解決辦法：他們在等候大廳、電梯裡都裝上鏡子。結果證明，如果大家在等電梯、搭電梯時照鏡子看看自己，這段長時間的等待是可以忍受的。現在，大樓的大廳、電梯裡有鏡子或是反光的金屬設計，可說是稀鬆平常。

迪士尼世界也曾遇過類似的問題。高人氣的娛樂設施，等待隊伍總是落落長，不只小孩子不耐煩、大人也一樣。迪士尼可以怎麼做？

迪士尼的客服團隊運用科學方法，來研究、解決這個問題，他們成功算出排隊等候的大人、小孩等了多久之後，注意力會開始分散。這麼說好了，你排隊等「加勒比海盜」或是其他熱門的遊樂設施時，可能忙著四處張望角色人偶、視訊影片介紹（或是鏡子），而這些時間都是迪士尼事先計算過的。迪士尼設計的排隊等候路線也是彎來彎去，讓你有種隊伍在動、持續前進的感覺，不過你看不到隊伍實際有多長。

還有一家連鎖飯店向來以卓越服務聞名，他們的每位員工都有幾百美元的費用額度、不必經過主管核准，這些錢用來彌補客服發生的閃失。例如，如果客戶送洗的衣物沒有在指定時間完成，員工送衣物到客戶房門口時，會附上一瓶紅酒。他們這麼做，讓本來的錯誤最後變成美事一樁。

美國西南航空公司也有類似的政策。一線員工獲得授權，可以視情況改變規則，以滿足客戶需求。即使西南航空是廉價航空公司，一般人還是認爲西南航空是客服最優的航空公司之一，這一點絕非偶然。

當公司把客服發生的問題處理妥當時，能贏來的客戶忠誠度，通常會比太平時期還多。「客訴」，反而是最可以顯示公司的價值，並且贏得客戶信任的時候。

客服不是實況，而是客戶記得的情況

那麼，客服到底是什麼？幾乎每一家公司都有許多客服措施，但是其中有幾項眞的能替公司加分？

舉例來說，某家影印機公司有項服務政策，當客戶叫修時，九五%的情況下，維修技師會在兩小時內趕到，聽起來很棒吧？那再看下去。

這項服務不管維修問題的內容，因此有些問題可能是機器故障引起，有些則是外觀問題，例如機器的標籤鬆脫了。此外，如果A客戶的唯一一臺影印機故障，而B客戶的行政部門有數十臺影印機、其中一臺出問題了，這項服務不論對A、B或是所有客戶，全部一視同仁、立即趕到。

客戶對服務產生負面感受，主要來自於他們所碰過的最糟糕經驗，而不是一般經驗的加總平均。影印機公司或許完全遵守「九五%的情況下，維修技師會在兩小時內趕到」的規定，但是處理那五%的突發情況也很重要。如果讓客戶一等就是四天，而非只是超過兩小時幾十分鐘，客戶還是一樣會極度失望。

順帶一提，你注意到了嗎？這項服務強調技師何時到達，而不是問題何時解決。這反映出客服的基本錯誤：這項服務從影印機公司的角度評估狀況，而不是從客戶的角度。它是一項公司營運措施，不是客戶措施。

客服是客戶實際經歷的情況嗎？**並不盡然**。**客服是客戶記得的情況**。舉例來說，有一天迪士尼成功的將實際排隊等候時間縮短二〇%，可是卻沒有設計聰明的方法，好讓排隊的客戶分散注意力，結果客戶不會感覺到等候時間縮短，反而抱怨連連。記住，客服真正重要的是客戶的感覺，而不是實際狀況。

產品變耐用，客服品質卻下降

我們再來想想這一點：影印機公司開發出一個卓越的品質流程，讓自家影印機變得非常可靠耐用。這麼一來，客戶對客服的觀感是否跟著提升？

答案可能違反你的直覺。因爲產品變得更可靠，容易解決的簡單問題消失了，但是，最難處理、也是得花最多時間的困難問題，卻不見得變少。這時候，即使整體服務品質實際上大幅改善，然而客戶如果對公司處理棘手問題的方式不滿意，他們反而覺得客服品質下降。

如果你是這家影印機公司的老闆，你能做什麼事？有很多，我來舉幾件。

第一，營造客戶對公司的觀感。有些公司會主動把公司的「成績單」寄給每位客戶，上頭列出曾對那位客戶提供的服務。在這樣的情況下，偶發的狀況比較會被視爲只是偶發的問題。

第二，設立及早偵錯的裝置。下功夫找出關鍵環節，在那些環節做預防性維修，或是將機器設計成可以自我診斷，有些機器甚至可以偵測到即將發生的問題，並且自行呼求服務，不需要人爲介入。

第三，設計的產品要好修理。一般來說，冗長耗時的維修過程，主要的癥結通常是無法快速取得所需零件。

我說個故事。有家影印機公司的主管發現，自家的產品設計工程師對每一項產品設計不同的墊圈（washer，指機械用來鎖螺絲、防滑的墊片），結果繁多的零件規格與種類，不僅對庫存造成負擔，並且常讓維修進度嚴重落後。他爲了解決這個問題，「發明」了一道他所謂的

「墊圈牆」，就是將工程師設計的每一種墊圈固定在牆上。最後，牆上有超過一千種密密麻麻的墊圈。

這位主管把工程師找來看墊圈牆，他們嚇了一跳，很快就重新設計，盡量讓多數的產品使用相同的墊圈。這樣一來，這家公司的服務間隔（客戶叫修和機器修理完成之間的時間）不但縮短，庫存成本也大幅下降。

客服是產品可得性，而非齊全

在零售業，評估客服績效是個難題。許多店家的產品多達數千種，要讓所有產品都有庫存，是件花錢又困難的事。還有，產品明明有庫存，卻因爲沒有放在正確的貨架上而找不到。那麼，好的客服評估方法是什麼？

答案比「看看貨架是不是空的」複雜許多，客服做得好不好，很多時候要依客戶的實際需求而定。很多產業的經理人浪費龐大且不必要的成本，還做不好，常是因爲他們沒有深入了解客戶的需求。

多數的零售情況是，上門的客戶需求很一般、對於選哪一種商品多半不介意，例如捲尺、塑膠盒子或是低價電視，大部分商店會準備兩到四種符合客戶需求的產品，因此，如果A產品缺貨，客戶選B產品仍然滿意。這在許多工業耗材公司常發生。

在上述的情況下，第八章介紹的替換組是適當的處理方法。對於許多零售商而言，他們有六〇％以上的客戶適用這種方法，有極高比例的工業耗材公司也是如此。可是，很多公司太過專注在替客戶找到特定產品，這不僅要花費巨資，也無法讓公司想出有效的計畫，來協助客戶識別和接受合理的替代品。這不僅造成客服困擾，還會增加龐大的庫存成本。

許多公司的服務營運點和工廠則經歷另一種客服誤解，例如，在一家普通醫院中，缺貨的定義是，庫房和至少一處病患診療區用完特定產品。但是該醫院可能有大量該項產品，散布於其他病患診療區中。換句話說，眞正的問題是缺乏機制來找出散布於醫院中的產品。

這種客服問題，其實製造了一個非常重要的商業機會。如果某供應商安裝了同時包含庫房和診療區的供應商管理庫存系統，它會從一個又一個病患診療區獲得多元接收（cross-source）的能力，知道哪邊缺貨、哪邊還有。缺貨情況將會消失，現場庫存會大幅減少。

「有效做好客戶服務」，大家的定義一致

在客戶公司裡，不同階層的人對於什麼是「有效的客戶服務」，會有非常不同的定義。如果你公司只專注於提供卓越的傳統客服（例如訂單履行率和回應度），就會面臨嚴重危機。因爲競爭對手會用能大幅提高客戶利潤、有創意的創新服務組合，吸引你重要客戶的經辦主管，然後超越你在客戶心中的地位。即使你讓客戶的一線經理滿意，你仍然有可能會失去高階主管的支持。

客服是一切有效客戶關係的起點和終點，也是經常遭到誤解的關鍵利潤槓桿。客服的成功

關鍵，是想清楚客戶真正感覺到什麼，並且以創意來思考如何塑造和管理那種感覺。經過仔細的分析，你可以掌握客服，但是你最好快速行動，搶在競爭對手之前加以掌握。

獲利的魔鬼在這裡

1. 客服是一切有效客户關係的起點和終點，但也是經常被誤解的商業領域之一。
2. 客户對於服務的負面感覺，來自於他們經歷過的最糟糕經驗，而非一般經驗形成的概括感覺，即使小差錯的次數寥寥可數，也會造成惡劣印象。你得用各種方式來塑造客户對你的感覺。
3. 客户未來的行為，就是客服的決定性考驗。最好的客服衡量標準，要聚焦於實際的客户經驗、客户感覺，以及持續的客户行為，而不是以你公司內部的績效標準來評分。想一想，你公司設計客服措施的目的，是要告訴你們什麼？
4. 要在改善客服的同時降低成本，關鍵通常在看似不相關的領域，例如改善產品設計。想想本章等候電梯大廳裡的鏡子，還有墊圈牆的故事。

接下來你要注意……

到目前爲止，本部的幾章解釋了，如何開發出有效的差異化服務的計畫、如何使供應鏈結構與客戶的眞正需求和客戶關係搭配、如何管理客戶下訂單模式以便降低成本、以及如何製造與管理出客戶對你客服的良好感覺。這些是非常重要的利潤槓桿，不但可以降低你的成本，還能增加利潤。

下章會告訴你，如何建立訂貨型生產系統，以降低你的生產成本，同時增加你的彈性和回應市場的能力。最後一章則針對營運流程產生之利潤所牽涉到的管理問題，告訴你，管好供應鏈的人不需要是超級業務員，也能大權在握。

第二十四章 訂貨型生產讓你賺更多

多年前，一家在業界領先的電器製造商澈底改變製造流程，將生產爐具、冰箱和其他白色家電的週期時間，從四個月削減到三天。

這項革命性的新流程，竟沒有花費一分一毫，事實上，它一開始就創造了現金。這家公司做了什麼？怎麼做到的？

關鍵的第一步發生在幾年前。該公司的經營團隊決定建立創新的公司文化，做法是不斷促使經理人找出新的做事方法，讓經理人有嘗試新事物的自由，甚至認同偶爾的失敗是成功創新流程的一部分。這是該公司的基本競爭優勢。

於是，該公司製造部門主管決定找遍世界上的新製造方法。在紐西蘭，他發現一家公司發展出非常有效率的新製造方法，就將這個流程帶回北美。這個**訂貨型生產流程**（make-to-order process）成爲該公司重大成功的基礎，許多產業的經理人紛紛仿效，但是許多追隨者遺漏其中的基礎關鍵要素。

傳統方式，錯只能錯到底

在這項創新之前，該公司以大眾市場時代發展出來的傳統庫存型生產方式，來製造產品，公司生產許多種產品，每一種產品排定每四個月製造一次。該公司使用銷售預測來設定生產產量，每一次有產品製造出來，它就會生產四個月的庫存，以支撐到下一個排定的生產過程。

這種預測是一個拜占庭流程（byzantine process，意指高度複雜還偶爾扭曲的過程，因拜占庭的稅法而得名），在產品生產之前的四個月，銷售人員、關鍵客戶高階主管和區域業務經理做了預測。這些預測先經過區域主管及區域經理，再由價格經理和銷售主管審查和調整。在生產之前六十天，這些預測被整合到已經由業務副總裁、產品經理，以及行銷副總裁審查和調整銷售預測。在生產前三十天，製造團隊設定生產排程和數量。

問題是，在這個時點上，在生產前三十天，每個人都已經知道市場狀況已經改變，不是六十天前的樣子，這使得排程變得過時、預估數量也錯誤。但是預測流程如此迂迴，又沒有其他可行方法來改變計畫，因此，該公司長期承受龐大的庫存增加和提供可怕的服務——儘管每個月的預測都包含十二個不同部門、底下八十七名員工，投入平均將近三年的工作經驗。

訂貨型生產流程，錯的能變對

新的訂貨型生產流程，其核心關鍵在於這位主管知道一件事：該公司可以精確預測（四個月內）一產品系列能銷售多少數量，但卻不能預測，這個產品系列的各種產品組合各會賣多少量。例如，某個產品系列有四項產品（不同的顏色和產品特性），每一項產品的銷售在一個月到下一個月之間，可能變動多達二五%，這使得預測銷售變得很困難。但是整個產品系列的逐月銷售變化只有不到三%——這個差別的意義重大。

這位主管越來越明白這個情況，決定重組公司的製程。他不再每四個月爲每一項產品生產四個月的庫存，而是爲每個產品系列投注固定數量的製造能力（因爲波動幅度只有三%）。接著他讓手下小主管自己負責開發出一個流程，每天可自主改變每一項產品系列內的產品組合。做了這項改變，該公司就可以從提早一個月設定之後四個月的生產，改變成根據即時需求，每天改變產品組合。

解決銷售疑慮

但這麼做讓銷售團隊變得疑慮。他們擔心在新制度下，公司回應非預期需求尖峰的能力，他們知道公司有製造能力，但是必要的組件和零件呢？

爲了緩和這些疑慮，製造團隊同意在庫存中保有足夠的零組件，以便在任何時候可以將任何產品的產量增加多達五〇%。這便解除了銷售團隊的疑慮。

該公司如何在不使零組件庫存劇增之下做到這點？

該主管仔細檢視用來製造產品的零件。他發現同一產品系列中的所有產品，有些零件是共通的，但大部分零件則專屬於一、兩樣特定產品（這有讓你想到前一章的墊圈牆嗎？）。

他請公司的設計工程師重新設計產品，以便盡量使用共同零件。這使得該公司能夠大幅降低零組件庫存（這對客服績效和成本有很大的正面影響）。

這個產品重新設計計畫，產生了重大影響。例如，某項業務的範疇包含九個產品系列，要準備夠多專屬零件，以備銷售突然增加五〇%之需，所要多花的備料成本大約是七十五萬美元，但有了這批額外的庫存，公司就能夠建立訂貨型生產系統，不用準備總值約一千四百萬美元的成品庫存。這會將該業務範疇的總庫存減半。

當公司的工程師重新設計的產品越來越多，七十五萬美元的額外零件庫存減少到三十萬美元，而剩餘成品庫存總值從一千四百萬美元，減少到八百萬美元。該公司的其他事業單位（冰箱、其他白色家電）也獲得類似的成效。

這個關鍵的利潤槓桿，對公司盈虧的影響，大到令人震驚。訂單準時達交率從不到六〇%增加到超過九五%，全公司成品庫存從一億美元減少到三千五百萬美元，產生了龐大的現金。倉儲成本減少三〇%，最低生產作業產量從兩百件電器品項降低爲一件，同時凍結生產排程期間從三十天縮減爲三天。

公司經理以非常保守、妥善控制的方式實行新製造流程，每次公司做出重大改變（像是改變製程），便會先備好足夠的在製品（work-in-process）以確保維持良好服務，即使這麼做要多花一點時間，才能把新的製程穩定住並微調妥當。但是一旦新製程的生產趨於平穩，公司就會移除這些緩衝措施。

其他環節得這樣改變

這家公司在其他幾個相關領域實施類似的改變，以加強訂貨型生產流程的效果。

⊙首先，所有被授權改變生產流程的產品經理，都放在相同的薪酬績效標準下，每個人都根據**銷售收益（利潤）**、**訂單達交率**受到評量和獎勵。

⊙**先與主要供應商密切合作**。一開始，它挑了五家主要供應商，協助他們在自家公司內建立訂貨型生產流程，這讓供應商能夠在九個月內，將零件庫存減少六〇%。後來該公司將供應商數目從一千九百家減少爲四百家，以便對供應商更有影響力，且更密切合作。該公司甚至邀請其中許多主要供應商，派遣工程師參與它的重新設計產品團隊。

⊙該公司**配銷中心的數目從二十六個減少為三個**。在過去，每個配銷中心都代表某個特定的地理區域，擁有備妥數個月庫存的完整產品線。在新制度下，三個配銷中心分別服務公司三個廠的其中一個，因爲每一個廠專門從事一項業務（例如爐灶），每一個配銷中心只囤積一種產品，每一個配銷中心都能看清全國需求，這個新配銷體系，和新訂貨型流程結合在一起，排除公司絕大多數的成品庫存。

⊙當公司撤除區域配銷中心時，**成立了一組區域性的接駁轉運點**。在這項安排中，三個全國倉儲將產品送到小型的區域性設施，產品在這裡直接轉運到送貨卡車上。這使得貨運效率提高、回應時間也加快，由於新製造和新配銷系統績效極高，使得訂貨週期時間（從客戶下單到客戶收到產品之間的時間間隔，包括製造和出貨）只需要六天。

⊙公司也與主要客戶密切合作，以提升效率。傳統上，這些客戶會保有大約十六週的庫存，公司**協助他們將庫存水準減少**到兩週，大幅降低了客戶的成本。該公司也與較大的客戶合作，讓他們固定每隔一週下訂單，進一步增加他們訂單的可預測性和穩定性。

關鍵的成功因素

該公司的高層主管思考他們的經驗，我整理成以下的訣竅：

1. 與業務員一起工作，確定他們對新製造流程感到自在。
2. 薪酬的配合絕對很重要，要根據對利潤的貢獻敘薪，不只是訂單達成率。
3. 不需要擔心資金問題，因爲流程改變的過程當中，會因爲零件標準化之類的效率，而生出利潤，所以「儘管去做」，產品經理要開發出自己的新製造流程。
4. 以逐漸加強的方式來實施新流程；公司一開始的週期是一百二十天，接著縮減爲三星期，再來是一星期，然後是三天。

5. 供應商的承諾是成敗關鍵：「如果這家供應商不想要這麼做，那就去找另一家。」
6. 信賴你的供應商：「供應商擁有的彈性，比我們以爲的彈性程度大很多；我們從未把我們的供應商基礎，當作競爭的資源。」

持續改善最重要

一位高階經理人總結公司的最佳實務：「持續改善，這遠勝過以延遲作爲代價而獲得的完美，提防優柔寡斷。」這位經理人觀察到，其他公司失敗，源自他們過度分析流程。**邊做邊學，是每一種流程變革非常重要的因素**。對這家公司而言，要員工承諾會持續創新、要有意願嘗試合理新事物，也要有能力了解新流程的各面向，這是加速提升獲利能力和公司持續成功的關鍵。

獲利的魔鬼在這裡

1. 本章說明的舊製造系統，是在大眾市場時代發展的，這個時代的特色是相當少數的標準產品和穩定的需求，這個系統完全不足以滿足目前精確市場時代的需求。

2. 新的訂貨型生產系統經過設計，能滿足新時代的商業需求。新系統的成功關鍵，在於將產能分配給產品系列（因為產品系列有穩定需求）的主管來決定，並且授權讓單項產品主管去發展創新的方法，每天改變每個產品系列內的產品組合，以配合快速改變的市場。
3. 新製造系統會影響許多相關領域，包括產品設計、供應商關係、客户關係和供應鏈結構，但是它能讓公司建立全新的商業系統。
4. 注意，要使全公司薪酬方式保持一致。下一章會擴大談論這個主題。另外也要注意，流程是自行籌措資金的，而且一開始會產生現金。
5. 有家公司的指導原則是：「持續改善，這遠勝過以延遲作為代價而獲得的完美，提防優柔寡斷」，精闢分析的威力與果決的行動有關，這就是一個很好的例子。

接下來你要注意……

本部最後一章要告訴你，如何聚焦於公司的營運和供應鏈組織（而不是只依賴超級業務創造業績），並激勵這兩種部門的人員，以便將利潤最大化。

第二十五章　抓住供應鏈產能，大權在握

目前供應鏈管理的最大問題是什麼？

最大的問題在於，在許多公司裡，供應鏈組織的任務被界定得太過狹隘。有太多供應鏈主管的作風，就像傳統的物流管理者一樣，焦點幾乎完全集中在控制營運成本上頭。他們這麼做的時候，沒有想過公司損失了龐大的潛在利潤。

當我在麻省理工學院和一些供應鏈主管合作時，我有時候會提問：「有多少人是物流經理？」每個人都舉起手。接下來，我會問：「有多少人是供應鏈經理？」同樣的，所有的人都舉起手。

接著我問：「這兩者之間有什麼差異？」

我看著臺下疑惑的眼神，但是對這些跟供應鏈有關的工作者而言，沒有什麼觀念比這一點更重要，對他們的公司而言，正有著龐大的利潤面臨流失風險。

分清楚，物流和供應鏈管理之間有很大的差異，物流經理的焦點在於盡量減少營運成本，而且認爲客戶訂單是一項假設會發生的事實；而供應鏈經理的焦點在於管理公司某項產品流程

（從公司供應商內部的首度接觸，經過公司，再到客戶公司內部的最終使用）各層面的獲利。這是一項關鍵性的差異，它可以對公司的利潤產生重大影響。

根本問題在於，供應鏈管理的最重要要素中，有許多實際上存在於供應鏈組織之外。他們由其他部門管理，或者更常見的是，完全不受管理。不幸的是，有太多供應鏈主管認爲，他們的工作是把焦點放在由他們直接掌控的變數上。

從物流進化為供應鏈管理

最近，我檢視一項對大型公司供應鏈主管所做的意見調查，高居供應鏈優先考量主題榜首的是營運，例如改售供應鏈能見度。我看到這一點時，我知道其中有問題存在。

供應鏈能見度無疑是一大供應鏈問題，掌握更好的內流（inbound）運送、交貨和客戶庫存狀態資訊，將促使成本精簡，但是這些節省的費用在本質上是些微漸進的，而不是足堪典範式的改善（paradigmatic improvement）。

首先，供應鏈主管必須負責供應鏈的產能——監督和共同管理自己轄區內資產的獲利能力及產能，而非只是成本控制。這個必要責任遠超出傳統物流，它同時包含營收和成本，還有它們如何結合以形成公司的利潤。

供應鏈產能包括了庫存等在內的供應鏈資產獲利能力標準，是由資本報酬率（Return On Invested Capital，算法為稅後淨營利÷投入資本）來衡量，比方說，如果某個地區一項產品的庫存是一百元，它讓公司能夠在一年的期間賺到二十元的淨利，資本報酬率是二〇%——這是公司的利潤項目之一。另外有項一樣是一百元庫存的產品，每年卻會虧損十元——這項產品就是公司的赤字項目。

你可以使用利潤地圖技巧，花幾個月的工夫，針對你所有客戶和產品來計算這些簡單的比率。它們顯示出公司的利潤模式，但是轉化成公司供應鏈資產的獲利能力狀況，這種觀點可顯示公司供應鏈的績效。

當然，如果公司的生意只有二〇%到三〇%有利潤，表示公司供應鏈資產（和營運成本）有相當大一部分是缺乏成效的。這是一大供應鏈問題，是典範式改善行動的重大機會，但令人驚訝的是，**幾乎沒有供應鏈主管，會把庫存的資本報酬率和對此採取的某種行動，視為自身工作最重要的部分**——甚至視爲工作一部分的也極稀少！

以下這個例子你可能很熟悉：如果你努力銷售，使庫存降低二〇%，但這些資產支撐的事業並不賺錢，你應該要高興嗎？

那要看你如何界定你的工作。如果你像傳統物流經理一樣管理，你不但看不到問題，甚至會對庫存降低感到滿意。但是一位眞正的供應鏈經理會看到整個情況，並且達成結論：賣掉這些製成品並不能使公司獲利，最重要的工作還未完成。

在大部分公司裡，最快速、有效改善供應鏈產能的方法，是改變銷售時的業務組合，讓產品組合更能夠配合公司架構來營運，然後提供報酬率高的產品部分。並非所有的營收都相等，有些營收會產生高利潤，有些營收實際上會降低獲利，差別相當大，但是很少有供應鏈主管會有系統的努力處理，這項在其所轄供應鏈產能中，最重要的決定因素——利潤槓桿。

幾乎所有的銷售薪酬制度，都是由營收最大化或是偶爾由毛利最大化來推動，幾乎沒有一家會以反映實際獲利來敘薪，且幾乎每一家公司都存在極重大的營運成本，並沒有列入績效考量。這是現今商業界大部分供應鏈產能低落的實際原因，一般認爲，對此採取某些行動，必須在供應鏈組織之外進行。

供應鏈主管面臨這項事實時，有兩項選擇：他們可以向內探求，將自己的行動集中在傳統物流事務上，例如產品流程能見度和成本控制；或者，他們可以抓住領域更寬廣的機會，以充分提高資產產能爲己任。如果他們選擇後者，那有時會包含成本最小化，有時候會改變收入來源，有時候實際上會增加成本以便大幅增加營收。

但這麼做一定會需要你與跨組織界限的對應人員密切合作，方能聯手創造重要的新價值。

在和供應鏈主管討論時，我發現，他們其實最在乎自己是否在業務策略和方向上，扮演重要角色——不論他們實際上是否會讓結果產生差異。

供應鏈主管時常覺得，他們所管轄的功能部門，其角色只是接手其他部門塑造和產生的業務。這些主管往往認爲，他們老是在試著充分利用自己的營運部門，以回應一套根本就有問題的商業活動。他們所關心的是效率，在達到成本降低和服務內外客戶的目標之外，對公司獲利產生實際的影響力。

提高供應鏈產能的五步驟

我曾與有效率的供應鏈管理者共事，在與他們合作的經驗中，我發現供應鏈經理是否能將其角色從成本控制，擴充到供應鏈產能管理，有五項重要的步驟。

一、決定誰該負責、誰該參與供應鏈管理

這是供應鏈管理眞正的精髓，也就是供應鏈產能負責利潤，而不只是爲狹隘的物流負責。讓資產產能夠獲利，會是供應鏈管理者工作的重點。在公司裡到處觀察，看看誰在參與供應鏈的流程，讓他知道這是一個利潤管理流程。很可能你公司並沒有明確的利潤管理流程，但其實一般人常誤以爲，如果公司裡頭每個人都能編列預算、看到預算，就可以將資產利潤最大化。

二、分析公司的供應鏈產能

如果你的公司沒有利潤地圖流程，那就設立一個。你需要做的，只是建立一個具有以下特性的模式：

1. 識別庫存，支援哪一項產品、哪一項訂單和哪一位客戶的庫存，都要識別清楚；
2. 接著，識別出每一項這類庫存資產產生的營收和淨利；

3. 結合這些措施，以便爲每一項產品、訂單和客戶，建立一個有七〇%正確率的資本報酬率資料庫。你可以回去看看第六章。

資料庫會讓你看到供應鏈不同要素的資產產能。掌握這個狀況，你就可以快速識別出一些特有效的利潤槓桿，你的銷售和行銷同僚也會對這項資訊很感興趣。

三、細節，從經營者帶頭開始

供應鏈人員和銷售、行銷上的對應人員要協調，用有系統的方式來改善資本報酬率。以下是一些關鍵的槓桿施力點，本書第二部、第三部有詳細說明：

1. 選擇客戶；
2. 選擇關係（一般關係 vs. 客戶營運夥伴關係）；
3. 選擇銷售流程（面對面 vs. 電話銷售）；
4. 差異化的服務（針對不同的客戶和產品有不同的訂貨週期）；
5. 產品生命週期管理（知道何時何地要停止保有一項處於生命週期末期的產品庫存）；
6. 產品流程管理。

這些要素在客戶規畫和客戶管理流程中匯整，客戶規畫和客戶管理比任何其他流程都能夠決定一家公司的供應鏈產能——以及營運成本，如果公司經營者沒有在這個流程中扮演核心參與者，就會陷入消極反應的模式。

四、運用供應鏈能力來和競爭對手分高下

現在，大部分公司正在把自己的供應商基礎減少四〇％到六〇％，留下來的供應商會看到市占率立即大幅增加。決定哪些供應商會得到這種增幅、哪些供應商會失去全部市占率，關鍵因素在於，供應商在客戶公司內產生正面變革的能力。勝利的供應商知道如何增加客戶的內部獲利，這是現在增加市占率最快速和最可靠的方式，而且是最重要的供應鏈管理議題。

領先的供應鏈管理者，非常了解客戶的內在流程和經濟狀況，他們能和客戶合作發展出，能增加客戶存貨週轉率的營運夥伴關係，將產品直接運送到有需求的地點，並且提供讓客戶獲利更多的資訊。這些全是供應鏈能力，它們創造了異常龐大的營收增幅、成本降幅和持久的策略優勢。

這些客戶關係是創造營收、利潤和資產產能的關鍵因素，但是有多少供應鏈主管，會有系統的將改變這些因素視爲工作的眞正核心？

五、內外兼具的管理變革

充分提高供應鏈產能，不僅需要良好的資訊，最重要的是擁有卓越的變革管理。在你的公司內部，這表示發展出詳細、整體的資本報酬率分析，並且吸引各主管和相關員工，一起參與利潤管理和資本報酬率改善的計畫。

在你的客戶公司內部，道理也是一樣：了解客戶的內部獲利，以及你產品在客戶提供的內部資本報酬率，並且吸引客戶組織裡的關鍵人士參與你的變革和改善計畫。本質上，你正在關鍵客戶公司內部建立一項利潤管理計畫。

最後，從物流轉移到供應鏈管理，需要改變你的觀點：

⊙將你的觀點從狹窄的成本控制，擴展到供應鏈產能。
⊙將你的管理焦點從供應鏈營運，擴展到整體公司活動。
⊙將你的賽場從你本身公司的營運，擴展到一併處理客戶和供應商的營運。

簡而言之，在你現行的工作周圍畫出一個更大的框架。

最重要的是，供應鏈產能要求供應鏈管理者，成為利潤管理和變革管理的專家。**你如果具備這些能力，能夠管理供應鏈，就能夠進行打造公司未來的重要任務。**

獲利的魔鬼在這裡

1. 想想物流和供應鏈管理之間的差異。前者聚焦於狹窄的成本控制，而後者包括整體供應鏈的資產產能。
2. 要增加供應鏈產能，最可靠的方式，是讓公司的業務員帶進最能配合公司營運能力的生意。要快速增加銷售，最好的方式，是和你的最佳客户建立客户營運夥伴關係。但是在大部分公司中，銷售和營運是分開的，只透過整體預算來連結。這是大眾市場時代最有問題的傳統做法。
3. 要整合你的公司，最好的方式是建立一個支配一切的標準——利潤或資本報酬率，讓所有的相關管理者為利潤（而非營收）目標彼此協調，使你公司的利潤最大化。在精確市場時代，這是成功管理的要素。
4. 你擁有資本報酬率的資訊，以便你和同事合作管理公司利潤嗎？如果沒有，那何不率先開發它？以七〇%的準確度開發這項資訊，並不需要花太長時間——這種精確度就足以實際改善你的成效。

接下來你要注意……

本書前兩部分別解釋如何針對利潤來思考、針對利潤來銷售，這一部告訴你如何針對利潤來改善營運。本書最後一部說明如何建立高績效、能充分提高利潤的組織。

第四部

利潤是什麼？全公司都該知道

企業是關於人的事。

管理有沒有效率，是決定公司獲利和績效表現的重要關鍵。

企業要成長，得把利潤帶進公司文化。

第二十六章 典範移轉，可能只需小小動作

我最近收到一封以前教過學生寄的信，她正著手改善一家大公司的供應鏈。她發現一件令人驚訝的事：「硬體」問題還算好解決，反而是「軟體」問題讓她很頭大。

她指的意思是什麼？

寫信給我的學生為了改善公司獲利，想重新架構幾項基本流程。她發現，若要弄懂有關連結公司、供應商的新制度，稍具挑戰性、需要動點腦袋，但其實都有辦法解決；眞正的困難在於說服各主管，不但要讓他們改變長久以來的做事方式，還要接受新制度。

這段她所經歷、試圖完成的大型改革過程，是身為經理人職涯中最重要、最容易帶來報酬的挑戰之一。

幾年前，奇異公司做了一項重要的內部研究，分析了許多公司專案，他們發現，投資報酬與專案大小規模有關。砸大錢的專案其實投資報酬率比較高，因為大型專案容易改善基本的經營方式，進而產生典範移轉。相對的，較小的專案也有不錯、但是比較低的收益，因為經理人花心思在調整現有的商業流程，能帶來的改變就有限。

這項研究在奇異的管理高層引發效應。從那次之後，凡是經理人申請資金做特定專案時，高層會請他們不惜花更多錢，澈底改變或改善想做的生意，並在幾週內重新提案。

什麼是典範移轉？

典範移轉在商業上非常重要，它有潛力創造重大的利潤收益和更新公司，但是在沒有商業危機時，要完成是很困難的。管理典範移轉完全不同於管理對現有業務的漸進改變。

有學生問我，要了解如何管理典範移轉，該讀什麼書？我建議讀已故科學史家湯瑪斯．孔恩（Thomas Kuhn）的《科學革命的結構》（*The Structure of Scientific Revolutions*）。雖然這本是商學院大師級的重要參考書，不常出現在大眾閱讀，但它的內容其實與商業完全無關。

本書是孔恩研究科學史的成果。在孔恩之前，普遍認爲科學知識的建立，是一套以科學方法爲中心的線性流程，科學家根據傳統上對這個流程的認知，來發展和測試假說，並因此建立知識。但是，當孔恩仔細檢視實際發生的情況時，他發現這根本與事實相差了十萬八千里。

孔恩發現，科學知識的建立，是一個由偶發的重大事件推進的流程。事實上，大部分的科學符合孔恩所謂的「典範」，這個典範是廣泛、不言而喻、可以解釋的架構。以「太陽繞著地球轉」建立理論的亞里斯多德體系（Aristotelian system），就是一個典範。

在一個典範中，科學的走向和典範一致，也就是被認定有用的實驗，是支持典範的實驗，這通常包含修正和擴充典範，孔恩稱呼這是常態科學（normal science）。科學界以這個典範爲中心形成一種文化，科學家反對實驗，並且排斥與他們唱反調的實驗者，伽利略（Galileo）就是反抗既有典範並且險些喪命的例子。

過了一段時期，實驗得到的證據開始顯示出既有典範並不夠完善，孔恩稱爲反常現象（anomalies）。結果改變了什麼事？證據受到忽視，科學界照舊行事，就好像什麼事都沒發生一樣。隨著時間過去，越來越多證據累積，但是照樣被忽略。

最後，某位科學家會提出一個周延的新典範，如果這個新的理論架構充分解釋舊典範的不足，也說明反常現象的原因，新典範就會被接受。此外，新典範必須有足夠的細節，好做爲實用的常態科學指南。不過，移轉的流程還是以利益、權力，而非以邏輯性來考量，有更多開明的科學家接受新典範，但也有科學家繼續緊守舊典範。

哥白尼（Copernicus）的典範取代亞里斯多德典範、愛因斯坦典範取代牛頓典範時發生的情況，就叫典範移轉。孔恩的書裡詳細的描述移轉的流程。

「我們一向都這麼做」，就完了

孔恩在科學上發現的情況，商業界每天都在發生。想要推動典範移轉的管理者，不論是在市場焦點、供應商整合還是製程上，都會碰到類似孔恩典範中「我們一向都這麼做」（the way we do business）的障礙。

和孔恩的流程一樣，光有證據證明，完全不同的經營方式會帶來更高的報酬，根本不足以激發典範移轉，除非出現個重大危機迫在眉睫。新的經營方式不太有人理，就像孔恩的反常現象一樣被忽視。

想想看，戴爾有名的訂貨型生產系統是怎麼出現的？這個非常成功的新商業模式，並不是靠一群人坐在辦公室裡、認爲這項改變會有預期高收益而決定的。事實上，戴爾之前有個非常失敗的個人電腦機型，虧損嚴重到幾乎把現金花光的地步。

爲了擠出資金讓公司繼續生存，戴爾的唯一方法是盡快把庫存賣掉換現金。營運長臨危授命，找出即使沒有庫存保障、公司一樣能經營的方法。營運團隊爲了完成這個看似不可能的任務，過程中發展出了訂貨型生產系統。這個例子的重點是，如果沒有立即性的現金危機，管理團隊一定想不到這套新的商業模式。

如何在現況不壞時，就發動變革？

老闆、主管如何**在危機之前**就發起典範移轉？我根據孔恩的觀察，再加上許多與企業主共事的經驗，歸納了三個關鍵的槓桿點：

第一，如果典範移轉沒有發生，那就**為即將發生的危機想個可能的理由**。

如果光是提供證據來證明，原來的商業實務運作情況不是很優（例如銷售給關鍵客戶的業績下滑），或是替代做法會帶來更高的獲利（例如將資源轉用拿下一家新客戶），並不夠。你非得找到足以說服人的理由，讓大家相信變革是當下唯一的選擇：事態可能還沒有嚴重到生死關頭，但是剩下的時間在一分一秒不停的流逝。如果不這麼做，組織會一直抗拒做改變，直到沒有選擇為止，而到那個時候，大都太晚了。

第二，**寫出一套周詳、具體的新典範說明書**。我們很難憑藉著抽象的東西做改變。新典範必須夠明確，而且要有一個可行的途徑，才能指引新典範中發生的例行動作。

在這裡，展示用的專案（showcase project）特別重要。這裡的展示是指，在還沒眞正承諾要變革之前，先示範新的營運方式。例如，醫療器材產業一開始發展客戶營運夥伴關係時（見第十七章〈供應鏈：幫他賺、他幫你賺〉），還是很創新的概念，所以他們先行在加拿大一家小型醫院設立展示系統。後來，這項具體的示範效果卓著，證明了新系統非常可行，這家小型醫院深受北美地區病患青睞，各地的醫院負責人也紛紛前來，參觀剛啓動的新流程。

同樣的，有家汽車零件配銷商很有前瞻的眼光，他們有個政策就是不斷進行實驗。公司的管理階層固定會在數百家分店選一家，嘗試新的營運方式，當實驗成功時，這項做法就會快速散布；如果實驗不成功，另一項實驗會接著展開。就整體狀況而言，某一時間點有風險的業務不超過千分之一，但這樣的流程可以幫助公司快速、有效的創新。

有個屢試不爽的重要訣竅：**挑選極有能力和懂創新的小型客戶（或供應商），對他們而言，你會是他們很重視的供應商（或客戶）**。

關鍵是，你要找到最有利於成功創新的情況，你同時還得抗拒誘惑，別在新計畫完善之前就想要提供給你的大客戶。同樣的建議適用於選擇產品線、銷售區域，或是配銷中心，作為新利潤槓桿或創新商業流程的展示。

最後，**你要耐心等到適當的時機出現**。典範移轉需要幾個特殊的條件，有時候，組織會一再反對改變，直到關鍵多數的主管意識到改變的必要性、也接受新典範為止。持續堅持組織應該變革，很重要；但是在時間點的選擇則可以多些彈性。把焦點放在這場戰爭的最後勝利，而不是非打贏每一場戰役不可。

除了上面說到的那幾件事情，將變革流程視為攀登高山，沿途架設「基地營」，會讓整個成效大大提升，你的組織會以更系統、有效的方式進行變革流程（下一章有更詳細的解釋）。

高階主管，請起帶頭作用

高階主管在製造典範移轉上扮演極為重要的角色。他們要採取措施，讓自家企業的文化更易接受變革。若能鼓勵示範和實驗，取代嚴格遵守制式做法，如此一來就可以加速創新。組織文化往往會反映領導者的行動和態度，高階主管願意考慮嘗試全新經營方式的需求，並且將小挫折視為學習，而不是失敗，就能為他的企業打造正面回應典範移轉的文化。

一家公司最重要的資產，是願意接受各方意見的企業文化，還有一群藉由思考和實踐來快速學習的管理團隊。從長遠來看，這是具洞察力的高階主管確保公司成功的最佳方法。

獲利的魔鬼在這裡

1. 帶領典範移轉計畫當然有可能做到，但是流程完全不同於管理漸進式的業務改善。
2. 你在改變「我們一向都這麼做」這樣的想法時，有遇到抗拒阻礙嗎？如果有，恭喜你。從我的客戶和教過學生的例子來看，這是創新主管面臨的最大問題。
3. 在典範移轉流程的關鍵要素中，最常被忽略的，是明確、具體說明新典範或經營方式，用來指引新典範中發生的例行動作。一般人往往要等到完全清楚新方法是怎麼一回事，才會拋開舊的做法。
4. 高階主管最重要的工作，是建立一個習慣於改變，而且持續尋求和接納朝正向改變的組織，這是讓企業持續成功的「聖杯」，是維持高獲利水準的關鍵。

接下來你要注意……

這一部是關於在獲利考量下的領導方法，前五章的焦點集中在管理變革，包括公司內部以及在客戶、供應商中的變革。接下來三章會告訴你如何建立攸關利潤管理的組織能力，最後三章會解釋如何成爲有效的管理者和領導者。

第二十七章 花園、沙堡、高山、義大利麵，你們是哪種管理？

當我想到如何管理變革時，會有四個意象躍入我的腦海：花園、沙堡、高山，還有一盤義大利麵，分別代表變革的四種類型。我來說明一下。

想要花園，得持續除雜草

變革的第一個意象是花園，我的靈感來自於我那位聰明絕頂的岳母，她說，婚姻就好比花園，需要持續的照料和工作，否則會雜草叢生。

我也是名園丁，因此，我明白照顧花園的比喻很對。每座美麗的花園背後，是耗時、費力的辛苦工作，除了種植、施肥，還加上沒完沒了的除草工作。還有，眞正了不起的園丁絕不滿足現狀。他總在思考，要做些什麼讓花園更美好，所以他常常改變花園的外觀，也定期搬動花草位置、更換一些新品種的花。

這裡出現了兩個重點。第一點，如果園丁不能讓花園變得更好，花園很快會變得很糟。第二點，唯有花園像花園，園丁才能讓它更完美，而且只有在花園狀況好的情況下，他才可能真正管理一座出色的花園。

你的公司是不是像出色的花園呢？你有經常除草、修整、改善它嗎？還是說，你的客戶、產品和服務組合只反映出「我們一向都這麼做」？

卓越的公司就像完美的花園一樣，就算只是保持現狀，也需要經常照料。其中，「不斷除草的過程」常是企業常常忘記的基本要素。企業不斷的發展，市場會不一樣，有些客戶、產品和服務慢慢失去獲利、發展潛力，就必須像雜草一樣被除掉。企業唯有將這個除草過程納入管理核心，持續不斷去做，才能啓動和擴張新的高潛力方案，讓公司基業健全。

好比說在戴爾，「廢止」（結束）某項產品是他們的優點之一，這也是他們成功的關鍵。與戴爾相比，有家公司的執行長跟我說老實話，他公司的各個產品經理總是「離獲利還差一天，離表現卓越還差一個庫存單位」。

未能持續「除草」，會導致許多公司三〇%到四〇%生意以任何標準來看，都沒有眞正獲利。但是，要求沒有「除草」習慣的公司放棄這些生意的營收，是件很困難的事，即使他們知道，這樣做會大幅改善利潤。因此，最好是建立一個持續性的系統，進行獲利管理和持續的「除草」。

開發過程不確定，有如堆沙堡

變革的第二個意象是沙堡。想想你在沙灘堆築城堡的過程：首先你要堆沙，每次你把沙堆得更高，會有一些沙慢慢滑下來，你再堆，有些沙又慢慢滑下來。在這樣的過程中，沙堡漸漸成形了。

有時候，某個區域會縮小消失，你會努力修正和改變該區域：你堆沙，有些沙會滑落，直到你重新堆到好爲止。沙堡完成後的樣子，可能和你原先想的不太一樣，因爲你在堆的過程中會發生一些狀況，你得修正、改變你原來的想法。

將沙堡與公司裡的業務專案流程做個比較。主管對於大多數有資金投入的業務專案，必須提出一套清楚的成本結構、發展流程，以及收益預估。在事實已經明確的情況下，例如有一個現行運作的流程，需要投資採購一臺新機器，這樣的業務專案模式是很可行的。可是，同樣的模式如果被誤用到關鍵要素未知的情況中，看來就像是堆築沙堡。

我記得在一九九〇年代頭幾年，曾輔導幾家大型電信公司和高科技公司，提供他們投資新科技的建議。當時，我們幾項重要的創新無法通過業務專案的測試，原因頗值得玩味。

我拿當時的手機和電腦市場來說。剛進入一九九〇年代，如果有家大型公司決定要發展行動電話網絡，好讓你的孩子在校園內每個角落都能打電話給朋友，你會認眞看待這項專案嗎？你再想像一下，如果有家公司認爲，即使是退休人士，每天也會寄發一、兩次電子郵件，而不是打電話與人聯絡。基於這項主張，他們提出一個業務專案來開發個人電腦。但是問題很多：

客戶時間的隱含價值是什麼？你能使用什麼樣的市場數字？有誰會相信這些？

要讓這些龐大的業務計畫順利開始，與其使用業務專案，你該將整個過程當成堆築沙堡一樣——將沙堆積，看著沙滑下來，再堆更多沙，也就是經歷幾次重大挫敗，直到市場成形，最後證明投資顯然是正確的。也就是說，對於這類型的業務，即使還有許多未知、價值創造流程尚未穩固，有多少報酬也不明確，你還是有必要多花點時間，投注資金來開發市場。此外，你一定要接受三不五時的小挫折和突發的重大失敗，最好將它們視爲伴隨市場開發流程會有的一部分。

在模稜兩可、不明確的情況下，一定有很大一塊的探索潛在市場，得靠邊做邊學，事實上，眞正關鍵的是你如何快速、有效的了解市場下一步會如何發展。

如果你公司的策略剛好占了市場裡其中一個「最佳點」，那最好開始堆積沙子，請記住：挫折在流程中很正常。如果你讓業務專案決定這些重要計畫，市場就會和你的公司失之交臂。

玩大的變革，就像登高山

變革的第三個意象是高山。如果你攀登崇山峻嶺，這個過程最基本要做的，是沿著攀登路線，建立一組可用的基地營，包含了識別適當地點，組織和協調物流，不只爲登山、也爲下山提供足夠的補給，考慮到適應海拔的時間，並且找出不同基地營之間的替代路線，才能因應可能碰到的突發狀況。

拿公司的許多大型變革來比，他們的管理流程太過將焦點放在目標和收益上，而未充分注意中間的過程。以下是三個企業常犯的差錯：

第一，團隊想一步就達到最終的變革目標，省略沿途設立基地營，這既不可取、也不可行。企業在最終的做法決定之前，通常需要嘗試幾種新的經營方式。還有，不同的商業功能部門可以用不同的速度改變，他們在變革流程中需要基地營，來想出新的經營方式，調整配合彼此，否則績效可能會受影響。

第二，團隊誤認第一個基地營就是最後的目標。變革就像登高山一樣，一開始令人卻步，走到後來精疲力盡，一般人會有種將「朝向目標」想成「達成目標」的傾向。畢竟，有太多變革計畫缺乏明確定義，也無法知道要改變多少才叫足夠。

第三，團隊有時候會剛到達前幾個基地營，就鬥志盡失，因爲他們覺得目標遙遙無期。如果他們看不到、不相信變革流程周密而有計畫，這種情況就可能發生。在架構完整的變革流程中，團隊在每個基地營都有機會習慣和適應新的情況，然後再繼續前往下一個目標。

許多大型組織變革計畫的根本問題在於，管理者將變革流程，視爲成敗均繫於此的孤注一擲。他們將焦點集中在找到頂峰，設想從頂峰俯望景觀。其實，規畫和管理變革的過程中，是否沿路設立健全基地營，往往是變革成敗重大關鍵。

義大利麵，什麼都有、卻什麼都……

如果你忽略以上三種類型的變革，你就會得到第四種變革的意象——就是一盤義大利麵。有太多管理者有一盤滿滿的變革方案，每一樣都有內在的優點，但是整體看起來像一盤義大利麵。你可以避免發生這種情況。

多數的變革方案屬於前三種類型之一：持續「除雜草」、策略市場開發，以及大型組織變革。每種類型都有不同的本質、需要不同的管理和控制流程，也會產生不一樣的結果。在公司組織裡，這三種方案都是必要的，若能有效結合運用，管理者可以部署、延續變革的計畫，有效的爲公司的現在或未來定位。

獲利的魔鬼在這裡

1. 在管理變革時，仔細思考三大類變革：「花園」→持續除雜草、「沙堡」→策略市場開發、「高山」→大型組織變革，這會對你很有幫助。每一項變革都和其他變革不同，而且需要獨特的管理流程。
2. 「持續除雜草」通常會被忽略，「雜草」是指赤字的來源。利潤管理使你的公司協調成上下一致，不會「雜草叢生」。

3.你不能將業務專案用來做策略市場開發。這就是為何在市場變化時，許多優秀企業遇到很多麻煩，而他們的小型競爭對手表現比較機靈的主因。

4.大部分主管都想要領導大型變革、做出成績，好讓人看到他們值得升官的理由。但是許多人失敗，源自他們分析變革流程不夠仔細。成功的關鍵，是在變革的路途中，建立一連串妥善規畫的基地營。

接下來你要注意……

我在上一章說明典範移轉的流程、這一章解釋如何管理不同類型的變革，下一章則要告訴你如何成爲有效的變革管理者。

第二十八章 「我們一向都這麼做」，這種人抓不到魔鬼

假設你有個任務，要對一塊重要市場區隔設定銷售目標。只是，你的分析說服你，銷售流程本身有漏洞，會造成一堆無法獲利的生意，除非你大刀闊斧改變流程才行。在這種情況下，你會怎麼做？

你要如何讓公司老闆、部門主管明白，他們多年來在做的事並沒有成效、有很多魔鬼躲在工作細節裡，可是他們從未發現？如果他們阻撓你改變流程，你該怎麼辦？你會打電話、寫信向誰求救？你要怎麼表達？你如何克服這種看似沒有贏面的情況？

我每週都從讀者、以前教過的學生、公司主管那裡，收到詢問類似這樣假設問題的郵件。這些寄件人在職場上發現一個比較好的做事模式，但苦於無法讓公司接受、改變。此外，即使是主管有很卓越的眼光，如果做不出成功的改變，就是缺乏效率。

我換個方式問你：你身爲這家公司的員工，擔負的責任是什麼？

這個問題聽起來可能簡單、答案也很明顯；但是，它就像所有基本的問題一樣，實際上既

不簡單、答案也不明顯。答案是做上司明確規定的事情嗎？如果你有更好的做事方法，你的上司卻不打算改變呢？或是你覺得公司需要不同的做法，但你卻被告知，你的工作就是要照公司規定來進行呢？

如果是我，我會回答，**你的職責是將公司的長期利潤最大化**。了解這一點，是有效管理變革的關鍵。

在大多數的公司裡，「長期變革」和「定期滿足股東要求的短期成果」都是你必須重視的事情，如何在兩者間拿捏，有點像是「在飛行中換飛機的螺旋槳」。到最後，你會發現，如果你能成功的管理這兩者，是職涯快速發展、提升個人工作滿意度、以及有效管理利潤的關鍵。

本來是優點，怎會變缺點？

首先、也是最重要的是，企業由人組成。從這個觀點來看，一家企業裡有關資產產能、財務績效，以及所有其他措施，代表企業裡頭的人相信什麼、如何思考和所作所為。

我們能夠在組織裡工作，是因為已經內化了一套有架構的思考、做事方式，例如，我們知道公司要銷售的客戶是誰、要如何銷售。這些方式會在組織中變得根深柢固、很難改變；我們習以為常，以至於平常很難去特別注意，這就是「我們一向都這麼做」。

這其實是個優勢，而非缺點。沒有這些內化方式，組織會陷入混亂，因為每個人會忙著要弄清楚接下來要做什麼，反而動彈不得。但是，時代在變，企業需要跟著改變來回應。問題在於，這些既定的想法、內化方式非常頑強又難以改變，這正是隱性虧損最重要的根源之一。

大部分的主管碰上麻煩，因為他們習慣管理策略性變革，也就是調整現有的商業流程、嘗試將同樣的策略套用在更多基礎變革上，他們所面臨的就是本章一開始說明的情況。當你從管理策略性變革，轉變成建立典範移轉時，你需要與過去完全不同的變革管理流程。

我在第二十六章說明典範移轉的重要性和本質、如何改變一家公司既定的政策和構想，也提供你一些指導原則。本章我要告訴你，平時該怎麼做，能有效改掉「我們一向都這麼做」。

七個原則，丟掉「我們一向都這麼做」

管理巨變是一項複雜又艱鉅的過程，因此有一個重點必須謹記在心：**任何管理流程的基準方向，是將公司的長期利潤做到最大**。為了達到這個目標，你可以試試以下七個原則，來進行有效的變革流程。

一、找出基本問題

公司的政策和核心組織架構，通常會反映公司的歷史。如果你眞的想了解一家企業，那就看看他們五年到十年前發生了什麼事。他們現在所做的，可能是過去為了因應、解決某個情況而做的決定，而這些決定被繼續發展、延伸。它們通常是內隱、看不見的、很少受到檢視，但是影響廣泛。

藉由分析這套內隱的政策和構想，你可以找出爲什麼「我們一向都這麼做」，和「目前需要這麼做」之間脫勾的原因。舊的政策可能並不「壞」，只是過時。如果你可以好好解釋，爲什麼變動中的商業需求導致了落差擴大，變革就不再會被泛政治化，變革流程會變得更讓人可以接受。

我舉個例子，有家全國知名的專門零售商在業界獨霸許久，直到幾年前情況才改觀。由於這家零售商擁有相當龐大的市占率，而且分店多設在交通便利的地點，因此幾乎是消費者首選的購物點。在這樣的情況下，這家零售商負責產品和庫存的分店主管相對輕鬆，不必像其他同業的主管在極度競爭的環境下，每天爲了管理產品生命週期、規畫分店配置等問題傷透腦筋。

因此，他們變得有點自滿，誤以爲自己的業務很強，是因爲他們非常擅長銷售，而忘記了是因爲分店的地點設得好。好景不常，饑渴的新競爭對手進場分食，他們有大批眞正能幹的主管，逼得這家龍頭零售商很快的失去優勢。

你看出根本問題在哪裡嗎？這家零售商的商品行銷決策流程很弱，在他們還是市場龍頭時期或許還夠用，但是後來市場出現激烈競爭，這些既定流程和公司新的業務需求之間，有越來越嚴重的脫勾現象。由於這些流程既基本又普遍，主管幾乎不會特別注意。結果，這家零售商可能沒想過，他們這麼快就面臨生存的惡戰。

二、事先打好關係，否則等你需要時就晚了

這項原則絕對是關鍵。本章一開始的例子就告訴你，等分析流程完成，才要開始變革流程，似乎爲時已晚。

忙碌的主管似乎很難找出時間，在需要「關係」之前，就和公司裡其他部門同事打好關係；但是，這顯然是成功管理大型變革最有效的前提。

租船業有句老諺語：「生意，要等到第三次共進午餐才開始談。」這句話很有道理，也說明了有效管理的重要關鍵。在一般社交情況下，例如午餐或是下班後的聚會（而不是在計畫好的公司會議中）最能夠建立有效的關係。你可以藉著非正式的場合，開始了解對方的希望和疑慮，接著，你可以找出支援對方的方法，甚至根據雙贏的情況來擬定你的方案，藉由將他們的變革方案整合到你自己的，這樣一來，你會讓人印象深刻。

有了強大的關係網，加上協助別人進行變革計畫的合作經驗，你在全公司裡會得到你需要的接納和支持，助你實現重大、持久的變革。

三、找別人一起做分析

在策略性變革計畫中，主管通常會自行做分析、或是採用小型團隊。接著他們會製作一個商業專案，用它來說服大家接受結果。我在上一章中也說過，這在典範變革裡是行不通的。在大型變革計畫中，一定要讓眾多職位相當的同事參共同參與分析，這有兩個原因：

首先，爲了讓計畫成功，其他同事可能會有重要的需求和角度，當你考量到這些時，你的計畫會更有效。

其次，你的同事需要仔細研究相關的資料，他們需要時間來理解，以便打破他們原來所習慣的模式，並且重新思考新的做法。大多數同事、主管除非經歷了這個轉換流程，否則不會願意改變他們的基本做事方式，即使他們理智上了解有需要變革。重點是，高階主管會非常在意實際實現變革的人，對變革的認同深度和程度，這將大幅影響你是否能得到高階主管的同意，繼續進行變革。

四、拿展示用的專案來檢驗

第二十六章裡說明的展示用專案計畫，是在有限制的範圍下，探索可能的新方法。在新的銷售流程專案中，你大可以在公司較小的領域、少數幾個較小型的客戶中嘗試，這樣做能讓你發展新的商業流程、邊做邊學，而且不會危及公司的績效。此外，你可以邀請你的同事一起觀察、檢驗是否可行。

五、贏得最後勝利，而非每場戰役

商業決策幾乎是一系列的，而非獨立的「不成功便成仁」。在典範移轉的過程中，時間點很重要，可能要做一些和你主張相違背的決策，才能夠得到你所需要的證據來說服人，你的方向是對的。在變革的過程中，想要讓新的思考方式被完全接受，需要時間和堅持。

六、讓幾項計畫同時進行

變革計畫有各自的節奏，有時候，部分計畫會停滯不前，純粹因爲組織尚未準備好消化改變。如果你嘗試要強迫迅速行動，組織會反過頭來歸咎於你。

你最好讓幾項變革管理計畫同時進行，這樣一來，如果A計畫停滯，你可以試著推B計畫上場。等到B計畫渟滯不前，回過頭來A計畫很可能已經有進展。同時讓幾項計畫進行，可以讓你避免在時機未到之前，面臨強行通過一項決定的壓力。

同時發展幾項變革計畫，並且讓這些計畫專注在同個問題的不同層面上，尤其有效。這樣一來，當你在某個領域中獲得成功時，它會強化在其他領域成功的可能。

七、讓變革持續下去

到最後，變革是否會持續，決定性考驗在於，高層是否願意調整公司幾項關鍵行爲的推動因素，包括規畫、資源配置和最重要的薪酬，讓公司朝向新方向發展。如果你可以做到，你就會使新的典範穩固確立；否則的話，公司將會回復到舊的經營方式。

最後，有能力經營公司的主管，會選擇嫻熟管理基本的典範變革，以便將公司的長期利潤最大化。

獲利的魔鬼在這裡

1. 你身為員工的主要職責，是將你公司的長期利潤最大化。我寫本書的目標是提供你發展藍圖，讓你知道如何做到這點。
2. 每家公司都有一套極強大、傳統的商業流程，也就是「我們一向都這麼做」。在設立這套流程時，一切都沒有問題，問題在於世界會變，這些既定的想法、內化方式非常頑強，而且難以改變，這是主管嘗試領導典範移轉時，深感挫折的根本來源。
3. 要成為有效的變革主管，你可以做很多事，其中一項是，在你需要那些和你職位相當的同事幫忙之前，先和他們打好關係。在你非常忙碌的情況下，這恐怕是你認為最不該花時間做的事，但這些「關係」攸關你的效率，而且效益會持續很久。
4. 在一般社交情況下，例如午餐或是下班後的聚會（而不是在計畫好的公司會議中）最能夠建立有效的關係。想想上個月，你有多少次在午餐時和你職位相當的同事碰面？有多少次在下班後碰面？你們是討論公事，還是只是想多認識彼此？

接下來你要注意……

本章解釋如何在公司內成爲有效的變革主管，下兩章告訴你如何分別管理在客戶及供應商公司內部的變革。

第二十九章　如何讓客戶也配合你改

如果你的客戶了解並且認同你的銷售流程創新，但就是不願意配合你採取行動時，你要怎麼做？

銷售產品vs.銷售變革

我一直很訝異，企業銷售產品的方式，和他們銷售流程創新的方式（例如建立客戶營運夥伴關係）之間，為什麼有這麼大的差異。

就產品而言，產品發展、市場發展和銷售的流程，數十年來已經有清楚的定義，包括企業進行市場研究、將產品特性與市場區隔配對、評估價格彈性和需求特性、識別公司產品的早期採用者、找出客戶聚集中心、危機處理等。

相對來說，對客戶銷售流程創新，本質上非常困難，原因是：賣新產品，通常只是改變客戶某個行為；但是，賣自家的流程創新，則包含對客戶、供應商較大規模的變革。

由於在客戶端製造典範移轉的方法不多，許多主管以特別而非系統化的方式，看待這種機會。其實，有系統的在客戶端製造根本變革，就像銷售新產品給他們一樣可行。

爲什麼要讓客戶變革的流程會這麼複雜呢？我歸納了三個難題：

第一，你在處理客戶的接受度和變革同時，通常還得忙著讓你自己公司內的部門團隊也能相信，客戶變革的流程是可行的。

第二，許多公司裡，供應商 vs. 客戶關係領域是由銷售和採購團隊壟斷，這往往會排除兩方擔任變革觸媒的營運主管（客服、採購、儲運等）。

第三，許多營運主管對於銷售關係的流程毫無經驗。

打造你和客戶的非零和關係

和公司內部創新一樣困難的是，這其中會有重大價值面臨風險。成功建立客戶營運夥伴關係，也就是在客戶內部進行典範移轉，會爲雙方大幅增加利潤。有效率的供應商爲自己的最佳客戶創造重大的銷售和利潤收益，這是成功變革流程結束時的一桶金。

在客戶端創造重大變革的根本難題（也是機會），是將傳統零和（zero-sum）關係變爲非零和（non-zero-sum）關係的任務。零和關係是指一方損失、就是另一方收穫的關係；而非零和關係是雙方藉由合作達到雙贏，而在最後使境況更好的關係。

傳統的供應商 vs. 客戶關係本質上是絕對的零和：我收較高的價格，客戶就承受較高的成本；我多賺，客戶就少賺。這個根本的模式塑造了現有的商業典範，也就是我和客戶兩家公司

「做生意的方式」。這對發展典範移轉的流程，像是本質爲非零和、讓雙方更好的客戶營運夥伴關係，以及產品流程管理等領域，造成嚴重阻礙，這也是大眾市場時代過後，所留下的問題之一。

明明是好創新，客戶為什麼不領情？

有位認眞的主管寫信給我，敘述他在創造典範移轉上的成功與挫敗：「許多組織自認爲夠靈活，能進行典範移轉……結果，當客戶不願意改變本身流程時，變革就停擺了，即使從各方面來看，那是該做的事也一樣。」

當我讀完這封郵件後，我聯絡這位主管，當面與他討論他面臨的業務問題。

這位主管從事大片玻璃運輸業，大片玻璃在處理上很困難、昂貴又危險。這家公司透過創新的研發，設計了新系統，能以更快、更安全的方式處理產品，製造商、運輸商和購買產品的公司都能省錢。重點是，原來的系統既難用又危險，很難招募具備足夠技能的人員來操作。因此，業界的運輸公司無法提供足夠的產能，來滿足客戶的需求。

雖然新系統最終能爲這位主管的公司、公司的客戶帶來高利潤，但是他們必須改變處理物料的方式。在某些情況下，他們也需要小幅調整本身的硬體設施。

這位主管負責銷售這項創新系統，當他拜訪製造商和購買大片玻璃的公司時，這些客戶都了解這項創新的好處、也同意新系統比較好；但是，他們到最後還是拒絕採納新系統。這就是爲什麼我會收到主管的喪氣郵件。

我和這位主管討論才發現，他的公司已經大致完成了內部階段的創新，而且正在將這種做法介紹、推銷給客戶端的貨運調派人員。

我告訴主管，這些貨運調派人員的任務，是降低他們公司的運費，而不是負責減少處理產品的成本。問題來了，創新的新系統降低的是處理成本，但節省的是公司營運主管的預算。這樣看來，與貨運調派人員有關的運費變高了，而得利的是營運主管。因此，即使對客戶的整個公司而言，具有強大的淨效益，對貨運調派人員來說，仍然找不到改變的理由。

對客戶成功銷售典範移轉，需要的是跟以往極爲不同的流程。

五步驟改變你的客戶

和銷售產品不同的是，銷售典範流程改善，需要花時間，特別是對「早期採用者」的客戶上。但是，一旦達到關鍵多數的早期採用者接受創新，銷售流程就變得更快、更加容易。主管可以有系統的透過以下五個步驟，在客戶端製造典範移轉。

一、關係越早建立越好

對負責銷售營運創新給客戶的營運主管來說，最重要的第一步，是在有需要之前，和客戶端職位相當的營運主管打好關係。

這對許多營運主管是很困難的事，光是處理公司日常的大小事就讓他們忙不完。但是最有效益的變革，一般是客戶和供應商的營運主管會議，這些人了解彼此的業務，而且在專業上有增加彼此效率和獲利的動機。透過關係的發展、建立流程，營運主管自然而然會在最創新、接受變革的客戶端，找到合作對象。

二、畫出通路圖

請參考第十六章〈客服不是成本，是利潤槓桿〉的說明，找出你有興趣的客戶，有系統的畫出通路圖（分析產品透過供應鏈，從供應商送到客戶那裡時，所耗費的成本）。這個步驟很重要，原因有兩個：

第一，公司之間的通路圖，會幫助主管有系統的看出，流程創新能帶給客戶和自己公司的潛在價值。這個原因很明顯。

第二，通路圖本身的流程是銷售流程的關鍵。爲了發展有效率的通路圖，公司必須有個負責進行一連串訪談的小組，訪談對象包括參與供應商、客戶產品流程的主管。小組藉由訪談了解重要成本資訊的來龍去脈，也讓小組能夠評估每位受訪者對改變的興趣和意願，這點很關鍵。在制定變革流程、如何制定變革計畫（誰會支持、誰會抗拒變革以及抗拒的理由），這項資訊非常重要。此外，在漫長的訪談期間，採訪者可以解釋對供應商、客戶雙方互惠的利益爲後來的銷售流程奠定基礎。

三、展示的專案計畫

有效典範移轉的核心原則之一，是發展一個全面性的新典範，這個典範比舊典範好，而且夠詳細，能夠引導實際的日常活動。這一部前幾章都說明了，展示的專案計畫在示範這一點上面很實用。

四、建立客戶路線圖

市場地圖在推出新產品上很重要，主管會識別和鎖定早期採用者和快速跟進者，它在公司內部的流程變革上一樣重要。在此，營運主管可以從產品銷售與行銷的最佳實務中，得到直接的經驗教訓，目標是建立路線圖以引導客戶鎖定和接受度的順序。

但是客戶鎖定在流程創新中比在產品銷售中更複雜。有些創新只符合特定客戶，而其他創新可能需要達到關鍵多數、區域集中的客戶。例如，前述的運輸公司決定鎖定擁有設施、只需要小幅實體改變以適應新處理系統的客戶。該公司也找出大宗客戶，它們彼此地點相近，能方便運輸公司一次處理。對這家公司而言，客戶路線圖必須反映客戶的潛在收益、及早採用的意願和營運配合度，目標是從可以獲得最大收益、受到最少破壞又心態開放的客戶著手，藉此建立客戶接受度和市場動能。

五、有耐心、接受多元

典範移轉有其政治性，絕不只和經濟相關，即使一家供應商擬定一個有說服力的個案，客戶公司內部的力量仍可能會提出抗拒。即使客戶營運管理團隊中有很多人贊成變革，這種情況也可能會發生。但是客戶可能會非預期的改變，並且變得樂於接受創新。因此，重要的是得讓一些客戶同時體驗銷售流程，也在銷售流程的各個階段中保持多元的客戶組合。目標是有系統的建立能促成廣泛市場接受度的動力和臨界動能。

在客戶端有系統的製造典範移轉，確實可以辦到。了解這項流程的人還不多，但卻非常好用。對精通客戶典範移轉流程的人而言，這項做法的報酬不僅包括利潤收益，更建立了未來幾年競爭對手難以跨越的進入障礙。

獲利的魔鬼在這裡

1. 對客戶推銷流程創新，與推銷創新產品完全不同。
2. 將你公司與你的首要客戶整合的流程創新，比方說客戶營運夥伴關係，讓你得到各領域的精華——銷售增加、成本降低和強大的市場進入障礙。

3. 就像所有成功的變革管理一樣，在需要關係之前，和客户公司職位相當的主管發展關係是很重要的。
4. 想想與你的獲利最有關的前二十五名客户。你的營運主管中，有多少位和他們客户公司裡職位相當的主管建立深厚、持久的關係？在過去三個月，他們和對方見面或是用電話交談的頻率如何？在這些溝通之中，有多少牽涉到日常問題解決事宜，又有多少純粹是發展友誼和腦力激盪？

接下來你要注意……

本章解釋如何對關鍵客戶銷售流程創新，以及如何在客戶公司內部管理變革。下一章會告訴你，如何在你的關鍵供應商中管理變革，並將你的供應商當作非常有價值的資源。

第三十章　供應商是資源，不是對手

幾年前，我造訪前幾章介紹的那家大型電器公司，他們以首創訂貨型生產系統出名。製造單位的經理告訴我，他們的供應商是他們最重要的資源之一，但是，一直到讓供應商加入新系統，他們才了解這一點。公司主管很驚訝：他們最重要的供應商很快就在自己的業務中，採用該公司的新訂貨型生產系統，大幅壓縮了週期時間，並且在整個通路建立了新的利潤來源。供應商也在製造商的商業流程中提出了許多重大改善。

當我和一家大型電子設備製造商資深採購團隊會面時，突然想到這項討論。他們看出許多以互利方式和供應商協調的機會，但是他們覺得陷入僵局，因爲沒有足夠的資源將這些計畫，發展到可以吸引供應商加入的地步。

在我們開會期間，採購團隊了解，他們只是假設他們必須爲供應商建立計畫，然後對供應商提供關於執行計畫的詳細指示。在會議結束時，一個更強有力的替代選擇逐漸明朗：他們不用爲供應商發展詳細的計畫規格，反倒可以將供應商當作資源來管理。

這項流程包含了公司主管的兩項任務：其一是界定他們的需求和決定他們在自己內部流程

中擁有的彈性，其二是邀請最好的供應商和他們合作。在一個新奇但符合邏輯的行動中，他們邀請關鍵供應商帶頭：他們要求供應商分析他們的聯合商業營運，並且提出新的效率建議。

大部分設備製造商的供應商將製造商視爲非常重要的客戶，他們總是在尋找創造價值的新方法，因此能拿到更多製造商的業務。經過少許調查，有件事趨於明朗：供應商有充分的意願和資源投入，與製造商一起建立聯合供應鏈效率，降低製造商成本，讓製造商銷售更多產品。但重要的是，其中大部分人認定，客戶不會答應接受——製造商認定，供應商不會有興趣。

這個重大錯誤在供應商管理上非常普遍。該公司主管決定將這些供應商當作資源，進而建立一個強大的流程，以利用它有限的供應商管理資源。該公司及其供應商都獲得新的可能性：取得龐大的共同利潤收益。

從對手到夥伴

許多客戶端公司有隱含對立、零和的客戶 vs. 供應商關係，他們讓自家的管理和採購人員負責降低產品價格和訓練供應商，方法是在準時交付和訂單履行率等營運問題上設定罰則。但是，幾乎沒有公司邀請他們的供應商一起找出障礙並排除，發展雙方實施有效共同商業流程的關係。

創新的供應商管理，是把你的供應商視爲公司的資源，讓你和供應商都能夠拋開傳統的對立關係，朝向能爲雙方產生豐碩利潤收益的深刻夥伴關係。

在日本，供應商管理被視爲基本的管理功能，供應商則被視爲自家企業的「隱形工廠」，然而，有太多企業都遺漏了這個觀點。

在許多公司中，物料和零件的採購成本，遠超過透過製造或組裝所增加的內在價值。但是內部的公司計畫得到之人員和資源，幾乎總是比與供應商相關的計畫所得部分好太多，即使後者的報酬遠遠更高。

內部的公司計畫，像是重新規畫工廠樓層、將產品動線集中，一般都有準則、也很全面，透過流程圖等技巧來發展系統化知識的管理團隊，就具備了這種特性。相形之下，供應商管理計畫往往人員不足，有時候還是臨時安排，還充滿了假設前提（例如，供應商是必須加以規範的對手），而非有系統的發展能促成雙贏流程的計畫。

在包括把消費產品出貨給主要零售商的一些產業中，創新的供應商已經勇敢接受挑戰，這些供應商甚至更進一步，針對不同類型的客戶分類，視客戶重要性和客戶創新的意願和能力而定，這部分在第十九章以沃爾瑪爲案例已經描述過。

在這些比較成熟的營運夥伴關係中，好的供應商往往偏好精於建立雙贏關係的客戶。他們找尋可以被客戶視爲資源的情況，使自己和客戶都能夠創新，不讓供應商管理成爲單方的事。

挑夥伴、結關係、定盟約

在發展有效的供應商管理流程時，有三個非常重要的因素：選擇夥伴、建立關係以及擬定合約。

一、選擇夥伴

許多供應商管理計畫失敗，是因爲主管在選擇適當的供應商夥伴時，沒有非常謹慎。爲了讓深刻、創新的夥伴關係發展，五個關鍵因素必須存在：

1. 眞正的新價值：這個價值必須由雙方來評量、觀察、均分，必須是一個即使原本支持的主管退出，也能讓夥伴關係維持下去的關鍵流程。
2. 互補專長和能力：雙方能搭配良好、合作有彈性，還要持續一段時間。
3. 策略性的配合：公司和某家主要供應商發展深厚的夥伴關係，通常會改變那家公司與其他競爭供應商的關係，反之也適用於供應商。
4. 合夥意願：兩方不能有內部組織衝突。
5. 執行能力：雙方需要符合彼此的資格，以確定他們有能力在長時間內堅持完成計畫。

主管太輕易就和第一個接觸他們的供應商發起供應商夥伴計畫，不論這家供應商是否相配、是否有完成計畫的條件，這多半是起步沒多久便宣告失敗的徵兆。如果開始沒多久，便遭遇重大失敗，會讓供應商夥伴計畫陷入僵局。夥伴選擇太重要了，所以務必慎重積極。

二、建立關係

關係建立，靠的是策略和了解，通常需要數個月才能甩開惡化的舊問題。有位資深副總裁觀察到情況：「耐心和毅力是建立一項關係的基礎，雙方公司必須了解彼此的業務。」

有些主管認為他們必須先創造互信的氣氛，才能夠建立這些夥伴關係，情況未必是這樣。在長久以來由對立緊張界定的客戶 vs. 供應商關係中，企業可能會選擇進入密切合作的營運夥伴關係，因為他們看出對彼此的好處。他們一開始審慎互信，經過一段時間後發展出更深的信任，因為彼此都很清楚，占對方便宜是不會得到好處的。

三、擬定合約

一旦發展創新的夥伴關係，擬定合約就非常重要。發展有效的合約是門藝術，也是科學，因為有成效的關係應該、也必然會以互惠的新型態發展。有效的合約能促進更多發展，而不是限制發展。

這主題挺複雜，但是一些基本原則提供了方向指引。一紙良好的合約將會構成有效的誘因，讓雙方繼續加深關係，並且在一段時間內找出創造共同價值的新方式。此外，合約應該有遷出條款，規定如果關係終止並且需要找新夥伴，要如何恢復原狀。

在許多情況中，特別有成效的做法是，審視你供應商的供應網絡，看看你能否協助供應商採購原物料或零件時，降低成本或是確保供應持續穩定、不致斷貨。例如，一些製造商和關鍵供應商擬定協議，在協議中，製造商承擔供應商預先購買特定昂貴原物料的風險。

我再舉個例子，一家電子設備製造公司將供應商納入它的塑膠主合約中，在特定情況裡，光是供應商就沒有足夠的數量，來確保低價和回應條款。該公司指出，它是這些原物料的最終採購者，塑膠供應商同意，最後用到該公司產品上的所有原物料，都會以相同的低價提供，這對該公司的成本和利潤有重大影響。

你的供應商可以成為你最重要的隱藏資源。如果你的供應商管理功能在本質上就是對立的，你的供應商會還以顏色。但如果你的供應商管理功能將焦點放在創新和創造價值上，你就可以找到通往利潤豐厚和經營順利的康莊大道。

獲利的魔鬼在這裡

1. 選擇優秀的供應商作為夥伴很重要，特別是對你初期的計畫而言。
2. 應該要擬定合約以建立信任，合約要有一個持續促成創新、互利利潤改善的流程。

3. 你的供應商關係是對立或是建設性的？你有明確的流程針對缺乏績效來導正供應商嗎？你與這些供應商有共同的品質流程，以識別和排除問題的根本原因嗎？
4. 供應商可以成為有眼光的主管絕佳的資源。在過去三個月，你公司有多常邀請你的供應商協助改善你的流程，或是降低成本和改善利潤？你有多常詢問你的供應商，你可以如何改善他們的效率和獲利？

接下來你要注意……

本章連同之前的四章，解釋了如何領導和管理典範移轉，接下來三章說明，如何建立以充分提高公司利潤爲目的，而調整具適應力的高績效組織。

第三十一章　癱瘓公司的人，往往是主管

你在管理比你層級低的事務嗎？

許多主管感到沮喪，因爲他們很難吸引同仁參與可以促使利潤大增的典範移轉。癥結往往在於，他們在管理比他的層級低的事務。

幾年前，一家大型電信公司執行長非常煩惱，因爲他旗下的經理人顯然無力進行和管理更新變革。該公司正面臨新的競爭對手和重大的市場改變，它必須以大幅提升營運效率、市場開發和競爭定位來因應。

但是他看到的是：他公司的主管們每天忙著處理日常例行營運上的細節，無暇構思與推動經營方針、管理架構的根本變革。此外，他覺得，他們有一種「受害者」心態，且往往以這種心態觀察面臨競爭侵蝕的組織僵局，覺得自己無法突破困境。

我拜訪這家公司，也和這些主管會面，發現他們顯然都有問題——一個我在許多組織中屢見不鮮的問題：每位經理人都在做應該由低一層經理人做的事情。副總裁在做主任的事，主任在做經理的事，而經理在幹監工的活。

全公司各層級的主管都專注於同一套工作，大部分人都不信任部屬做的事，一定會密切加以監督。當我仔細觀察時，有異常高比例的部屬職務包含了收集資訊，爲的是回答主管的問題，而不是確實把某項事情完成。這個情況普遍到沒有人發現，而且它已經開始癱瘓公司。

誰來訓練一下主管？

管理比自己職務低層級事務的現象，理所當然到令人驚訝。經理人獲得晉升，是因爲他們擅長自己的工作，因此最令人放心的做法，是繼續用過去無往不利的方式來進行管理。重要的是，**公司很少會明確的重新訓練、重新定位剛獲得晉升的經理人**，讓他們了解如何在新職位上以不同的方式管理，一般通常就認定他們自己能摸索出來。

但是在組織的不同層級上適當管理，需要非常不同的技能、活動和時間範圍，因爲管理目標完全不同。認清這些差異的主管能在新職位上成功、在組織中快速晉升，未能認清差異的主管依舊深陷日常庶務，通常會覺得自己受到迫害、感到無助，卻沒有眞正了解原因何在。

公司裡不同層級的主管有完全不同的職務。

⊙**經理（執行層主管；臺灣通稱課長）**在部門內督導和經營功能領域，他們負責有效執行和改善工作流程，而且通常會要求時限內完成作業。

⊙**主任（中高階主管；臺灣通稱經理或部長）**是部門主管，他們負責監控部門各項事務的效率和發展進度，但這只是他工作的一半，另一半是綜合兩項事務：重整部門的工作方法並大幅改善，以及與其他部門同等級主管協調以共同改善公司獲利。注意，共同改善不等於共同管理。在此，管理的時間範圍主要是中程的。

⊙**副總裁（經營層主管；臺灣把總經理、副總經理、協理含入）**負責公司的未來，他們應將大部分的時間，花在和同級主管合作發展、監督改善利潤及更新變革的全面性計畫。這包含估計與了解利潤模式、市場機會和管理成效。**副總裁不應該將焦點集中在按照現狀管理公司，而是應該集中在建立一個全新和更好的公司（如經營方針、策略）**，包含密切協調、團隊合作和長遠觀點。

試試這個「心智活動」：想像你有卷錄影帶，記錄你公司每位主管一週的工作。你把這卷錄影帶交給外部一位觀察家，他負責計算每位經理花在每項工作上的分鐘數。如果製成摘要圖表，看起來會是什麼樣？每個層級的主管花多少時間致力提高利潤的變革計畫，而非管理日常庶務呢？這項快速的診斷會告訴你，他們是否在正確的層級上管理事務。

最近，我和一家市值數十億美元的知名公司高階經理共進晚餐，他把自己對公司主管的疑慮告訴我。該公司的營運部門主管過去從內部擢升，許多經理人對於處理日常營運事務很有經驗，卻很難將焦點集中於，能夠改變業務基本本質的流程改善上。其實，他描述的，是一個主管管理太低層級員工的組織。

有趣的是，在這家公司中，這個問題並未出現在所有部門，銷售和行銷經理在適當的層級上工作，非常有效率。主要的問題出在營運部門。在別的公司，則會有相反的情況。管理低於自己職務層級的問題，通常有些部門發生，在另一些部門就沒有。

事必躬親，拖垮三軍

在即時庫存系統中，目標不僅是降低庫存水準，更進一步避免公司不肖員工，利用庫存來隱藏根本問題。不看庫存，品質問題就更明顯了，流程協調問題也是一樣。好比把沼澤的水排掉，樹樁就出現。

就如同過多庫存會隱藏許多流程和協調問題，管理比自己職務低層級事務，可能會模糊許多管理流程問題。爲了「把沼澤的水排掉」、也就是讓眞正的問題浮現，經理人必須重新專注在適合其職務的層級上。一旦這個情況發生，就可以直接看到哪裡需要進行修正，在沒有更高層主管干預的情況下，營運流程運作順利，改善也能持久。

如果經理人管理低於自己職務層級的事務，效應就會大幅擴散。不僅經理人缺乏效率，所有必須與該經理人協調促成改變的人也受到影響，組織很快就會癱瘓。然而，問題卻被隱藏起來：沒有人發現，將管理階層的注意力從新利潤改善計畫、變革管理轉移開來的機會成本。

這個現象發生在一家又一家的公司，而且通常沒有人了解這不能說的祕密爲什麼會發生。

在本書中，我描述了大型企業的成功經理人如何調查他們的市場、鎖定特定客戶，建立快速增加營收和利潤的緊密協調關係。另外，他們鎖定其他客戶，以建立納入了慎選利潤槓桿的一般關係。

這個流程需要公司所有層級的高度協調。各主管必須與彼此密切合作，將這些新能力概念化和開發；全公司的主任必須與彼此密切合作，以重新界定市場區隔、鎖定客戶、爲開發客戶建立整合的流程；經理人必須擅長與分布各地的營運團隊旗下的各單位同仁溝通合作。

管理比自己職務低層級事務，會在成功採行新典範的路途上，製造無法克服的障礙。經理人全神貫注於例常庶務，就會失去建立這種新經營方式的能力。他們不只無法在舊的經營方式內製造新效率，更重要的是，會失去在新經營方式中成功的機會。他們的公司會不斷落後。

管理階層的效率，誰來管？

經理人能做什麼？以下是確保你公司組織效率的三項行動步驟。

一、拍攝經理人的影片

不是眞的拍攝，我是要用這個打比方。分兩步驟做這件事。首先，讓你的經理人列出他們的工作項目，估計花在每一個項目上的時間。其次，讓經理人確實保存幾星期的時間日誌（time log，記錄生活裡各個時段，通常十五到三十分鐘所發生的事），以查看他們的想法。用評估會議進行追蹤，使用內部或第三方的資源。經理人檢視他們的工作，指出哪些是可以讓較低階的同仁完成的事情、哪些是該做卻被忽略的重要任務。讓不同層級的經理人在這件事上合作是很重要的，因為每一位經理人的行動都會影響其他人。接著，團隊可以制定流程改善行動計畫，並且在六個月到一年後，進行相同的練習。這會確保變革發生，而且新的經營方式能持續下去。

二、重新界定自己的工作

為每個層級的經理人建立一套新的工作說明書，內容要明確指出，花在管理日常業務和創造改變上的時間比例，這是關鍵所在。所有的工作說明指出，經理人應該改善業務，但**除非你指定花在改變事情上的時間多寡，否則日常業務總是會排擠創新做法**。

這裡有個問題：如果經理人花太多時間做缺乏效率的工作，就需要有一位層級較低的同事來協助經理騰出時間，新同事的成本會影響預算，而經理人的新活動所產生的漸增成效很難估算。但是結果可能會很引人注目。例如，大部分公司把部分行政工作轉移給總部的管理人員，可以釋放出相當於二五％到三五％的銷售人力。

三、實施嚴格篩選的訓練

當經理人初晉升時，需要公司進行短暫、目標高度明確的介入，以確定他們了解新職位所需要的關鍵變革。當經理人在組織中晉升，他們不僅成為頂尖專家，更重要的是，他們也需要將注意力從經營目前的公司，轉移到創造未來的公司。必須使用內部或外部資源，對活動組合進行定期的第三方檢查，因要讓經理人察覺，自己會自然而然偏向管理低於自己職務的工作，很困難。

哪種主管會害大家有壓力？

隨著經理人適當的層級管理，而變得更有見識和紀律，他們的部屬會變得更有能力，績效也會非常快速提升。整個組織會變得更有創意、富有成效和有利潤。同時，經理人之間的壓力水準會明顯下降。

壓力是兩個因素所造成的：工作的本質，還有個人感覺缺乏控制權。當然，後者遠更為重要。例如，急診室醫師的工作很艱難，但是有許多控制權。生產線工人工作規律，但是幾乎沒有控制權。醫師感受到的壓力，往往比生產線工人來得少。

管理低於自己層級事務的主管，會過度管理部屬，在這種主管底下的經理人，體驗到的是壓力、僵局、淪為犧牲品和無助等，種種缺乏控制權的形式，這正是我前面提到的電信公司執行長在自己公司看到的情況。

高階主管若能引導組織，讓每一個人在適當階層管理，就會獲得龐大的槓桿，來改善自己公司短期和未來的利潤及績效。

獲利的魔鬼在這裡

1. 主管非常容易插手管理比自己層級還低的事務。大部分主管憑本能延續過去帶給他們成功的行為。但是這個問題可能癱瘓你的組織，中止你的職涯進展，並且阻礙利潤管理。
2. 大部分企業沒有明確的工作流程，協助剛被拔擢的主管適應他們的新職務。對新的主任級經理人（在利潤管理上扮演主要角色），以及新的副總裁（負責針對未來為公司定位）而言，這尤其是問題。
3. 想想你過去兩個月的行動。你花多少時間在管理日常業務上、和你同級的主管協調利潤管理、針對距離現在三到五年的時期重新定位你的公司？對你的部屬、上司、同儕而言，這個狀況看起來像什麼？如果你花幾小時有系統的思考這一點，你對公司組織效率的看法，會得到七成的正確率。
4. 在一家公司中，有些部門經理在適當的層級管理，但是其他部門經理管理太低層級的事務，這也是很常見的事。

接下來你要注意……

本章的焦點是在適當的層級管理，下一章會解釋如何發展中階主管的卓越性，這是組織產能和利潤的關鍵環節。

第三十二章　中階主管才是幫公司打仗的人

執行長要充分提高公司績效所能做的最重要一件事是什麼？

答案是以有創意、有系統的方法，激發並建立公司中階主管團隊的能力。中階主管績效是企業績效最重要的一環。

不論執行長為公司制定優質遠景與策略，但是成敗取決於中階主管團隊的執行績效。如果中階主管團隊的績效高速成長，經理人會配合撰寫有效的執行計畫，並在施行時，持續調整和改善。

我看過有人對美國一家大型汽車公司中階主管團隊的描述，深印在我腦海的說法是「停擺的中階主管」（the frozen middle）。主要的含意是，不論高層主管決定公司會採用什麼樣的計畫，如果中階主管不願意或無力執行計畫，就會進行緩慢，終至停頓。最後，這家公司將龐大的市占率拱手讓給外國競爭者，到現在還在奮力復原中。

在教育上，眾所周知，學校體系的品質主要取決於校長的品質，如果學校有好校長，就會有良好的績效，如果學校有良師而無好校長，績效就會受影響。在所有的產業中，中階主管是成或敗的關鍵。

培養主管能力比訂方案重要

想想你公司平常的三個月期間，高階主管在以下三項活動分別花了多少時間：是發展新的策略性方案、管理公司的營運，還是建立中階主管的能力？

多數公司花在前兩項活動的時間之多，使花在第三項的時間相形見絀。但是，建立中階主管能力，是在其他兩項活動上成功最重要的關鍵，這符合事實的原因有兩個。

首先，幾乎所有重大的策略性方案都必須由中階主管執行，他們的彈性和領導技能，將會決定他們如何針對公司日益改變的情況，有效量身訂做和適應計畫。

第二，一支強大的中階主管團隊會有傑出的營運成效，也會爲公司帶來持久的高獲利，更能讓高階主管不必向下越級管理、減少在日常營運上過度干預。運作良好的中階主管團隊會積極建立一連串新方案，以改善利潤，還有掌握新機會。中階主管的卓越性是絕佳績效的關鍵槓桿點。

上一章敘述在錯誤的層級上管理所衍生的問題，許多高階主管未能投入足夠時間和注意力，來有效培養中階主管能力，是管理低於主管層級事務所造成的最嚴重後果之一。

主管能力難培養、易被帶走

一個重要的根本問題是，中階主管的卓越性就像領導力一樣，是很難確切說明的一個困難概念。因此，一般很難具體說明一項系統化計畫，以建立中階主管能力。

某些公司會以涵蓋管理職重要層面的個別、短期課程形式（在公司內部或公司外部），來培養中階主管。這些通常很有用，但是並不足夠。許多經理人發現自己太忙，無法花費太多時間在個人發展，尤其是如果他們認為內容和他們的處境並不相關。一些幸運的經理人則是開始參加綜合性的高階主管教育訓練課程。

一般來說，高階主管似乎會假設，管理經驗再加上建設性的管理檢討，就足以讓中階主管了解如何做好自己的工作。最能幹的經理人可以在這種情況中蓬勃發展，但是更多人只是習慣於例行公事，也就是平時照章辦事，等到大問題發生時再來想臨時方案。

其實事情不一定要這樣。在現今的傑出企業中，中階主管的卓越表現，其實是高階主管最優先考量的項目之一。即使在經理人離職之後，他們還保有該公司管理團隊的風格：專注於系統化教導部屬分析和改善業務，並教導他們將這項技能傳授給他們自己的管理團隊。那就是為什麼從這些頂尖企業出來的經理人這麼搶手。

中階主管該學會的三首曲子

已故的羅蘭．克里斯汀生教授（C. Roland Christensen）是哈佛商學院享有盛名的一代宗師。他在哈佛博士班長年教導如何運用個案教學。在課程中，他提出了非常有力的觀察。

克里斯汀生教授指出，一門好課程就像一齣好的音樂劇，如果觀眾看完一齣音樂劇後，在其餘生中會哼兩、三個曲調，這齣音樂劇就是非常成功。同樣的，如果上完一門課後，課堂上的學生深深了解該領域中的兩、三個重要概念，往後在其餘生中有能力善加運用，這門課就算非常成功。

準備一門課最大的挑戰，是一直要清楚指出兩、三項最重要的基本概念。有了這層了解，教師可以用增強、解釋和充實學生對這些主要根本構想之了解的方法，將所有的課程資料組織起來。在一門好課程結束時，學生們確實會在其餘生哼該課程的「兩、三首曲調」。

「兩、三首曲調原則」也適用於管理。建立中階主管卓越性的最重要兩、三首曲調是什麼？以下是我的三個選擇：管對層級、以利潤觀念來管理、從管理變成「教」。

一、管對層級

在大多數的公司裡，商業活動組合反映了三年到五年前需要、現在需要和往後三到五年將會需要的項目組合。在極多數的公司裡，活動組合可能反映了五〇%過去的需求，三〇%現在的需求和頂多二〇%未來的需求。這個問題很關鍵，因爲經理人需要花五年時間，才能夠發展和執行讓公司在未來成功所需要的方案。

這個問題發生的主因，是中階主管缺乏系統性的領導力，而癥結是在管理低於自己層級職務的問題。隨著經理人在企業階層往上發展，他們的焦點必須逐漸從依現狀（依往例）管理公司，轉移到建立未來的公司。中階經理人必須逐漸學習和練習變革管理及領導力，這樣他們在晉升到高階層級時，就會有駕馭能力。

二、以利潤觀念來管理

商業界有一個普遍的看法：如果一家公司的每一個功能領域運作良好，銷售充分提高營收，營運充分降低成本等，該公司的利潤就會極大化。事實上，這大錯特錯。重點是在於主任層級的中階主管，一定要對業務發展出更全面性的觀點，他們必須學習彼此協調，以了解業務的哪些部分有利潤、哪些部分沒有利潤，以及最重要的，爲什麼這種情況會發生。

這需要中階主管層級的高度跨部門協調。隨著一家公司的市場改變，利潤最大化變成一個移動式目標。利潤地圖是這個流程的成功關鍵，理由有兩個，一個很明顯，另一個很微妙。

首先，利潤地圖顯示一家公司的利潤島在其赤字瀚海中的位置，若要建立一個計畫去有系統的改變這個狀況，利潤地圖也可充作流程。

第二，和第一項理由同樣重要的是，利潤地圖流程讓一家公司的中階主管團隊，有以下幾項共識：

1. 如何才能夠協調以影響利潤；
2. 正確理解每一位經理人的活動如何影響其他人的活動；
3. 建立非政治性的聯合行動方案要根據的基礎。

最後一項尤其重要。缺乏這種共識和共同的目標，公司各部門通常會建立相互矛盾的方案，並且面臨這種情況所涉及的一切反效果政治。此外，染有政治色彩、相互矛盾的方案，實際上會使公司的中階主管停擺，公司的進展完全停止。

三、從管理變成「教」

卓越管理的本質是卓越的教導。只有當你的經理人能夠獨立運作，你才能夠在階層中產生創新和進展。如果老闆發現自己經常被拉進日常事務中，根本問題可能就在於，你沒有成功教導你的經理人如何管理。

當經理人攀登公司中高階層時，他們的管理重點，應該從管理轉移到教導和培養底下的經理人。除了一些非常成功的公司以外，執行長一般不會做這件事，因此教導工作必須落在副總裁以下的層級。

卓越的教學不會一夕之間發生。即使是一流大學，設備齊全、老師學生素質優良，還是要花一學期或更多時間讓學生學會一門課。我以過來人的經驗，提供經理人一些教學良方。

⊙**在要點上要清晰**。就像學校老師一樣，經理人不僅必須知道自己領域的東西，也要知道如何傳授、表達，關鍵的第一步是找出卓越績效關鍵幾個重點，這些通常是原因，而非方法。

⊙**加深理解**。在一門優良課程中，大部分的課程教材會有條理的組織，來補充、說明兩、三個根本概念。因此加強了學習者使用核心概念的能力，同時讓整體知識更容易記住。

⊙**主動學習**。有效益的學習通常會分階段發生。首先，學習者接觸核心概念，然後嘗試加以應用，並且配合當事者工作上需要更進一步了解這些概念。這使得學習者更願意聆聽，也使整個流程重複發生，學習效果變得更好。大部分有效的課程是以這種方式規畫，並有定期測驗；相對來說，在許多企業裡，部屬經常只是接受指示，然後大都得自己想辦法學。

「如何管人」是要學的

管理階層的重要職責之一是培育經理人。中階主管績效又是企業績效最重要的一環，但是有多少高階主管團隊將這一項工作視為優先，也將它視為重點績效評估，並反覆進行縝密分析和不斷改善的核心作業流程？

中階主管的卓越性，取決於在適當層級管理、協調的利潤管理，以及用教學方式來管理，這種卓越性可以有系統的發展和持續改善，它是所有企業績效最終的槓桿點。

獲利的魔鬼在這裡

1. 培養卓越的中階主管是你最重要的利潤槓桿之一，但是在太多的公司中，這個流程並未被視為高階主管首要任務的優先考量。
2. 中階主管的卓越性和營運檢討、專案里程碑呈現不同，並未自然成為一般商業流程的副產品。
3. 中階主管的卓越性與利潤管理有重要的關聯，因為利潤管理的核心，有賴公司主任級經理人（公司部門主管）負責的部門間密切協調。
4. 建立中階主管卓越性需要的三首曲調是：管對層級、以利潤觀念來管理、從管理變成「教」。
5. 卓越教學的關鍵不只是深厚的知識，同時還要具備結合深厚知識與卓越教學計畫的能力。在你的公司中，有一套明確教學計畫，引導主管指導直屬部屬成為卓越經理人嗎？你有這麼一套計畫嗎？

接下來你要注意……

本章延續組織效率的主題，下一章對這個主題下結論，它會解釋如何運用行動訓練計畫來改變公司文化。文化變革是經理人所面臨最艱難的任務之一。

第三十三章　不是變來變去，而是公司文化改了

最近，一家大型高科技公司的副總裁問我，高階主管該怎樣建立讓企業成長的文化。這位主管待的公司開始擺脫景氣低迷的陰影，她拚了命想知道，如何使她的幹部重新聚焦，好重拾有利潤的成長。

許多主管面臨改變企業文化的難題。我記得我曾和一家大型電信公司的總裁談話時，他說，若要在剛開放的市場成功，他公司需要改變文化，他的管理團隊將必須以迥異於以往的方式思考和行事。他應該採取什麼行動？發一封信給所有的經理人？發表演說？

對尋求發掘公司潛在利潤的許多高階主管而言，文化改變是一個重大障礙。變革管理有許多部分，但是最棘手的問題之一是改變企業文化——主管的經營方式。這包含了轉換他們所專注的項目、他們處理工作的方式，還有他們與彼此合作的方式，這是那位副總裁所謂的「建立成長的文化」，以及電信公司總裁認定的「改變公司，能在剛開放市場的環境中成功」。

在成功的文化變革中，一家公司的經理人必須做兩件事：一是界定和內化新的工作方式，另一則是精通新流程。他們必須一起經歷文化變革的過程。當經理人一起發展新的工作方式

時，他們會改變彼此，這是良性循環。

改變企業文化的流程需要時間，高階主管必須扮演有效率的老師。要成為有效率的老師，關鍵是發展有效率的教育計畫。

有效的訓練計畫是怎麼訂的？

電信公司總裁觀察了其他公司如何有效管理變革，決定開發一個以利潤管理流程為中心的行動訓練計畫。這項計畫有基礎穩固的結構和非常明確的行動目標，使得它與一般看來缺乏收益的訓練計畫大不相同。我們來看它的運作方式。

這位總裁最近按照地理市場區域，改組了該公司面對客戶的功能部門，每一個市場區域由一位事業群副總裁帶領，參與的有大約五十位行銷、營運和財務經理。挑戰在於，將每個市場區域的經理整併到一個高度協調的團隊，該團隊設有針對市場開發、競爭回應和利潤管理的適當計畫。

總裁建立了一個為期九個月的行動訓練計畫，在該計畫中，每個市場區域的管理團隊會在每個月於公司外舉行會議，為期一到一天半。會議由該區域的事業群副總裁帶領，另外還從外部聘請一位非常了解公司、產業和主管教學流程的專家共同領導。

這些會議結合了經過仔細挑選的教學案例、討論，每一場次都會累積每一個市場區域的變革和成長計畫內容。在每項會議中，每個事業群討論關於一篇重要業務領域的教學素材：先是利潤，接著是競爭、市場開發、策略等，最後聚焦在公司本身的業務。

在每個月的會議之間，每一個事業群利用之前會議所學，來發展新計畫。在後續的行動訓練會議中，事業群將會議的一半時間花在檢討、討論和改善他們剛完成的規畫工作上，另外時間花在下一項規畫派工的新教學素材和訓練上。

重要的是，計畫主要要完成的是一套具體的新計畫，由公司本身的經理人建立，適用於公司的新情況。總裁很清楚，行動訓練計畫的目標是建立新計畫，但是關鍵的副產品是全面性的文化變革。這對整個流程提供了一個凝聚的目標、一個強大的使命感，還有，如果所述目標只是模糊的文化變革，就不會有緊迫感。行動訓練計畫遵循本書闡述的利潤管理概要，這是每一個事業群遵守的計畫，依每次會議而有不同：

第一個月：劃分商業區塊。事業群劃分市場區域，分成幾個所謂「商業區塊」的市場區隔，爲擁有一組郊區或一個市中心等類似特性的地理群聚。這是以新的方式觀察公司，之前都是聚焦於州或地區等更大的區塊。

第二個月：設定利潤基準線。事業群以每一個商業區塊的投資資產報酬，來建構有七成準確率的試算表式分析。他們看到了什麼？答案是：赤字瀚海中的利潤島。

第三個月：估計競爭者位置。事業群仔細觀察每個商業區塊的競爭對手，估計每個競爭對手會在哪裡嘗試入侵、會害公司失去什麼業務。他們利用利潤試算表將這個製作成模型。情況很明顯，有一些聰明的競爭對手正朝利潤島進逼。

第四個月：預測市場發展。事業群針對每個商業區塊預測市場發展計畫，並且從競爭對手活動的角度來估計利潤。各個團隊看出以下做法爲什麼高明：將行銷資源集中在收益最大之處，而非分散行銷資源。

第五個月：擬定策略性的替代選擇和資源。在這個關鍵的市場區隔，事業群擬定了策略性的替代選擇，這些選擇反映了他們對競爭動力和市場機會的了解。他們考慮將資源集中的替代選擇，擬定新服務與市場開發的協調組合，也估計出每項替代選擇的利潤影響和資源需求。

第六個月：選擇策略。事業群決定要積極追求哪塊業務、要改善哪塊的邊際利潤，以及放棄積極投資哪塊業務（公司承諾在每個區域提供服務上的基本水準）。事業群進行詳細的預測，並且擬定資源預算。

第七個月：與企業需求協調。所有市場區域中的關鍵主管結合預測與資源需求，並且將這些需求與企業需求協調。必要時，他們會做出調整，使其計畫與企業需求一致。

第八個月：初步實施。事業群決定達成目標所需要的關鍵實施步驟，明確指出功能部門經理如何與彼此協調，並且擬出一個關於職責的粗略時間表。

第九個月：發表最終計畫。在最後的會議中，每一個市場區域中的每一位主管，在事業群計畫的架構內建立一套部門計畫，規畫週期就此結束。

領導力與肌肉記憶

這個行動訓練流程在文化變革、具備洞察力的規畫和協調實施上，極為有效。

‧有效的領導力

每一場會議，每個事業群的副總裁都和旗下的經理、員工一起待在會議室裡，這點很重要，分析顯示，每個人都有機會塑造團隊的觀點、每個人也都被這些觀點塑造。幾個月過去，事業群擬定新計畫，開始了解如何以新方式合作。事業群讓一開始抗拒的經理人改變想法，副總裁對經理人提供即時的指導，同時傾聽他們的意見，也從他們的觀點中得到啓發。

‧有效的計畫

團隊以全新的方式來分析市場區域，並且提出強大整合的計畫，新計畫遠遠超越光是靠幾個規畫人員小組工作所達到的程度，而不只是從舊時代的舊計畫修改而來，這個計畫代表了他們對公司利潤槓桿、業務獲利潛力的深刻了解。

‧有效的團隊合作

在有效的計畫之外，每一個事業群的經理人開始詳細、共同的了解他們的業務，還有業務所有的潛力和風險。經理人與彼此協調，以改善公司的獲利。

‧肌肉記憶

在各項會議中，每一個事業群在他們對利潤管理的了解中發展「肌肉記憶」。「肌肉記憶」一詞用在學鋼琴、打高爾夫等的領域中，原意是：爲獲得持續的效率，我們一定要超越了解要做的事、正確做幾次，持續不斷練習，直到肌肉被訓練到怎麼做都正確爲止。

傳統公司訓練的典型問題是，傳授技巧，但卻未發展持續成功所需要的「肌肉記憶」。行動訓練發展深刻的了解、團隊合作、以及有效變革所需要的「肌肉記憶」，建立了永久的利潤管理能力，還完成了第一套高度有效的計畫。有了一個行動訓練計畫所提供的全面性分析和了解基礎，後續幾年的規畫週期可以進行得更快，同時提供比以往都更有效的成果。

以我的經驗來說，若在最佳狀況下，公司文化變革需時四到五個月。這段期間足以讓一位嫻熟有效變革的主管，帶領旗下管理團隊用新方式做生意。

文化變革管理未必比管理的其他層面更困難，但非常不一樣，需要一套不同的管理工具和方法。有效的變革，擁有清楚的成功途徑和已知的時間範圍。行動訓練是完成轉型文化變革最有效率的方式之一，它同時具備了立即和持久的好處。

獲利的魔鬼在這裡

1. 改變一家公司的文化，是經理人所能面臨最困難的挑戰之一，它最好是持續四到五個月的流程。雖然不簡單，但是有已知的成功途徑。
2. 成功的文化變革包含了：傳授新經營方式的知識，以及「肌肉記憶」。行動訓練傳授了需要的知識，並且提供了練習新工作流程，以便達到純熟地步的結構。
3. 重要的是，將行動訓練連結到一項具體的可交付項目，比方說建立一套新計畫，以便提供流程焦點、緊迫感和真實性。
4. 主管和部屬一起討論文化變革的流程時，成效最好。他們形成一支擁有最佳配合度和彈性的超緊密團隊。

接下來你要注意……

本部前五章解釋如何管理典範移轉流程，接下來三章，包括這一章，說明如何發展利潤管理所需要的高度有效組織。本部的最後三章會告訴你，如何成爲有效的主管和領導者。

第三十四章　用資訊科技找出細節裡的魔鬼

本章共同作者：馬西莫．拉索（Massimo Russo），波士頓顧問集團副總裁

有效率的資訊長和缺乏效率的資訊長，他們之間的差異是什麼？

過去二十年間，這個問題的答案已經大幅改變。二十年前，**專業技術是關鍵變數，如今，關鍵在於資訊長是否能讓公司同事以不同的方式做事**。

問題是，許多資訊長是在早年，也就是技術評估和實施是關鍵議題的年代，學會了管理技能，現在他們需要一套全新的技能。

幾年前我看過一篇文章，內容探討爲什麼有這麼多軟體實作在客戶關係管理（Customer Relationship Management，CRM）等領域都告失敗。事實上，幾乎所有的系統都有適當運作的軟體，使用者也了解該如何使用，問題在於，根本的商業流程尚未改變，所以軟體的功能大都無用武之地。

當高階主管詢問軟體是否值得引進，答案是否定的（請注意，值得引進與有作用是兩回事）。在許多公司中，這導致高階主管一個普遍的感覺：軟體專案被過分頌揚。眞正的問題在

於，許多財務長將自己的職務界定得太狹窄，沒有意識到自己應該掌控整個變革管理流程。

這種症候群的後果是，現今許多公司的ＩＴ預算被削減，使得資訊長管理變革所能使用的資源甚至比以往更少。其中有一個重大的機會成本，因為妥善實施的ＩＴ具有大幅增加利潤和其他好處的威力。

現在，許多資訊長在問：他們要如何才能扭轉這種情況？

企業ＩＴ生命週期

過去二十年，企業ＩＴ功能已澈底改變。即使新技術持續問世，企業ＩＴ功能在公司裡的角色已經從稚嫩邁向成熟，這一點在三個重要方面顯示出來。

第一，ＩＴ應用程式已經從將現有流程自動化，轉變為促成新流程產生，較舊的應用程式主要在財務和人力資源等後勤辦公室領域，而現今的應用程式通常在客戶管理等前端領域，和供應鏈管理等關鍵任務領域。

二十年前，遠端訂單登錄系統讓企業能以線上訂單取代書面訂單，效率因此提升，但也產生了必要的新流程，但是組織變革在本質上是遞增的。

現今的軟體讓經理人能夠做全新的事情，像是識別最佳客戶，然後用不同方式將產品銷售給他們。經理人也必須改變自己對其他客戶的銷售方式，否則就得完全停止對他們銷售。這需要大幅改變使用者建立和執行其核心業務的方法，規畫、薪酬和資源分配等關鍵的相關領域也要有類似的改變。除非這些改變發生，否則軟體的功能無法充分運用。

第二，根據規模訂單，現今的ＩＴ功能遠比以往更爲強大。二十年前，當我首次分析一家公司的利潤時，建構和執行資料庫花了我一個月以上的時間。如今，龍頭企業擁有能讓經理人即時、精準使用事業的資料庫，這幾乎像是文化衝擊。現今的ＩＴ功能遠超過組織善用它們的能力。

第三，套裝軟體增加越來越快速，每一種套裝軟體都可以在一項業務專案分析中，展現價值。問題是，組織不可能消化所有可能有用的套裝軟體，即使它們都有正面的效益。因此，許多企業的軟體功能只有不到一〇％實際獲得利用。這時候的關鍵在於把軟體的重要性排序，以建立一個整合的變革流程，千萬不要陷入看似無止盡的一系列獨立專案。資訊長必須仔細設定變革的速度並加以管理。

科技生命週期

在科技產品的典型產品生命週期中，人們對其重點已經從讓技術運作，轉變爲用它把現有的事情做得更好，再轉變爲用它來做創新的事情。然而，在現今成熟的ＩＴ世界中，許多使用者並未充分了解，他們的ＩＴ能讓他們做哪些新事情，也沒有意識到，他們該怎樣以不同的方式管理，才能從這些新功能獲得效益。

現今的資訊長，必須從在ＩＴ部門內部管理活動，轉移到在公司其他部門管理變革。問題是，企業ＩＴ的歷史大扯資訊長進行這項轉移能力的後腿。

在一九九〇年代中期到晚期，資訊長將焦點從後勤辦公室自動化，轉移到改變經營方式的前端系統時，他們受到千禧年的衝擊（在二〇〇〇年初，擔心電腦大當機造成的恐慌）。千禧年迫使資訊長專注於確保他們的核心系統不會失效，因此強化了資訊長就是科技專家的認知。

網路泡沫破滅很快就接踵而至。網路的承諾被過度頌揚，商業期望遠超過科技提供的能力。泡沫破滅時，許多經理人對於ＩＴ的整體潛力變得非常懷疑，普遍的強烈反應因而產生。

許多資訊長發現自己卡在一個非常艱難的職位上：在企業變革管理變得重要的時代，他們具備主要為技術的技能，可是他們的企業已經對ＩＴ失去信心。

奇異：把事情做對

奇異的個案非常具有教育意義，該公司曾經毫無所獲的摸索了一段時間，後來才建立了強大、有效率資訊長的新遠景。

一九九七年之前，奇異的資訊長功能轉向開發後勤辦公室應用程式，這些實際上高階主管並不認為是企業未來的策略性功能。

當網路泡沫發展之際，奇異的高階主管積極改變公司文化，他們的目標是讓奇異經理人更接近科技，好能採納新的可能性。他們甚至為他們所謂的「電子指導」（e-mentoring）設立一項計畫，使有經驗的高階主管與精通科技的年輕經理人組成一對，由前者教導後者。

奇異同時在每一個事業單位中成立電子商業群組，以發展由科技促成的新機會，目的是刺激全公司對新ＩＴ的需求，迫使相關部門跟著改變。

問題是，這些改變在商業思維的電子商業領導者，和傳統ＩＴ高階主管之間製造緊張。奇異解決這個問題的方式，是合併這兩個群組，目標是完成一個新遠景：一群有新商業思維的資訊長。

在一些部門中，電子商業領導者取代了傳統資訊長，而在其他部門，有新商業思維的資訊長取代了電子商業領導者。決定性考驗是，新資訊長必須是部門執行長可信的夥伴，能夠積極參與業務。例如，原本在集團中的ＮＢＣ（國家廣播公司）執行六標準差（Six Sigma）的領導者成爲奇異飛機引擎的資訊長。這位經理人具備強大的流程改善技能、強大的商業領導經驗，同時也有一些ＩＴ經驗。

這標示了奇異的資訊長不再是後勤辦公室、科技導向，那個時代從此結束。

類似的改變發生在其他龍頭公司上。一家大型消費產品公司的高階主管說，他們不會僱用不曾管理過損益表（利潤中心）事業單位，或一個大型事業營運部門的資訊長。在這些情況下，新資訊長需要一位能幹的科技長或軟體建築長（Chief Architect）支援。但是和以往不同的是，科技的角色確定能給予支持。

做IT的人，你懂利潤嗎？

資訊長如何能夠轉型，進入由擁有商業思維的IT領導者形成的新世界？兩個領域特別重要：專案選擇和變革管理。

一、專案選擇：IT部門要懂公司商業模式

我記得多年前一家大公司的資訊長告訴我，IT優先考量是在月會中決定的，如果業務經理不能利用會議倡導自己的專案，很簡單，專案就會被砍掉。在現今的商業世界中，資訊長擁有一個完全不同的角色：和其他主管共同創造IT機會以改變做生意的方式，並共同管理這些變革。

資訊長必須通曉業務的策略性目標，以及公司可以達成這些目標的替代方法。挾著這項知識，資訊長可以和營運經理合作，運用新的IT功能來創造更多強而有力的經營方法。資訊長必須超越各層級經理的要求，往往必須實際上帶頭重新界定業務。首先，這需要資訊長深刻了解業務，遠超過目前進行的日常例行公事。

但光是識別新價值機會並不足夠。有商業思維的資訊長，也需要評估事業單位對變革的態度，包括兩個部分：一是決定目前的商業流程有多根深柢固；另一則是分析事業單位有多願意和能夠做出業務變革，以充分利用新IT的潛力。

這兩個因素是IT專案成敗的關鍵，也會呈現你收益的規模和時機，也讓資訊長能夠預

測：伴隨ＩＴ部署的必要性業務變革管理流程，專案的困難度、配合速度和可行性。

如果具備商業思維的資訊長有這種觀點，能看出不同專案的潛在價值，並且了解每項專案實際變化的性質和可能的步調，就可以發展一套針對系統部署和商業變革管理的計畫。此外，除了要有較長期的規畫，也要有應急、取得快速的成效來平衡一下。這會激勵業務經理監督整個變革計畫，直到完成爲止。

在許多方面，策略性ＩＴ計畫可以類比成一家公司的策略性市場管理計畫。一個好的行銷計畫中，公司行銷經理會審視目前和潛在的客戶基礎，他們評估替代市場發展計畫的做法，是根據潛在利潤收益、合作的意願和能力和營運配合度，來衡量客戶。良好的策略性ＩＴ計畫應該針對公司的各事業單位做相同的事。

二、變革管理：跟上商業流程腳步

在和事業單位合力推動變革時，資訊長必須在三個層級參與：高階管理、營運管理和專案管理。

在高階管理層級，許多龍頭公司的資訊長發現，設立高階主管ＩＴ委員會很有效，這是由高階ＩＴ主管和高階營運主管組成的指導委員會。該委員會逐漸清楚了解公司的策略方案，以及會讓他們成功的議程。

主任級的業務顧問在營運管理層級至關重要，這些是被指派與公司事業單位合作的資深

ＩＴ主管，他們的目標是與同等級主管合作，共同了解價值機會和變革議題，並且建立連結ＩＴ發展和商業變革管理的計畫，去實現ＩＴ投資所有的承諾。在許多龍頭企業中，這些業務顧問實際上在他們的事業單位中，帶領變革流程。

要找到有很強的商業議題知識的ＩＴ專業人士可能很困難。在越來越多的龍頭公司中，商業顧問的角色被認定是重要的領導職位，在推動商業變革上有重要作用。

在專案管理層級，要改變業務的應用程式實作流程，必須完全不同於傳統的後勤辦公室實作。傳統上，實作必須按照順序：先開發和部署軟體，接著訓練人們學會使用。

現在，**實作流程必須有兩個平行軌道：軟體部署和訓練**。事實上，商業變革流程必須在軟體部署之前，經理人必須了解未來的流程遠景，並且在做出開發新系統的承諾之前，展開變革流程。

在良好的變革管理流程中，商業流程變革會創造ＩＴ需求的風潮，接著ＩＴ部門可以吸引事業單位投入變革管理的計畫，讓部署順利得多，遭遇的阻力會比較少，新功能會獲得更充分的利用。

資訊長不只懂ＩＴ，也得懂生意

以下是一位資訊長的總結：「這場比賽，其實在專案選擇流程之前就決定了輸贏。如果因爲遠景或預算限制，而將專案的範圍界定得太窄，即使它排到優先事項清單的頂端，你也會陷入麻煩。我在擔任資訊長的十年裡，關鍵問題之一，一直是適當回應由中階主管產生的許多小型專案的需求。其中有些必須完成，但它們應該是以對股東很重要的少數策略性方案為中心的填補工作。

「不幸的是，幾乎沒有高階企業主管精通於領導所有重大變革，好能掌握大型IT密集計畫的價值。那是有效率的資訊長要介入的地方，資訊長可以、而且應該與資深高階主管一起打造遠景，配置將工作完成所需要的一切資源，包括訓練、商業流程重新設計，以及在必要時僱用新人。」

現今的資訊長擁有遠超出二十年前的希望和夢想的機會，成功的關鍵在於積極配合業務，與全公司對等的業務領導者合作，以推動典範移轉和重大的利潤改善。**資訊長的效率比以前任何時候更能決定公司的命運**。

獲利的魔鬼在這裡

1. 過去十年，資訊長的角色已經澈底改變，它從技術長逐步發展成變革戰士。
2. 現今，有效率的資訊長必須了解，新技術可以怎樣促使公司改變他們的經營方式，他們也必須精通於變革，好能協助建立新科技所促成的新商業實務。

3. 專案選擇是成功的關鍵，一家公司不能消化具有正面業務個案投資報酬率的所有潛在專案時，資訊長必須專注於完成真正重要的少數專案，從頭到尾加以管理。
4. 為取得有效率的變革管理，資訊長必須將自己的組織，整合到公司正在進行的工作流程，主任級的業務顧問對這個流程至關重要。

接下來你要注意……

本章說明現今重大變革如何在資訊長的重要工作中發生，下兩章解釋你如何能夠分別發展一位經理人和領導者的根本特質。

第三十五章 嫻熟巧妙的主管，是這樣做的

一個人怎樣才能成爲偉大的經理人？

這個問題特別適用於許多年輕人，他們剛讀完碩士（master），正面臨畢業、進入新經理人之林的可能性。它對想要持續與其職業本質接觸的資深經理人也很重要。

剛畢業的人把焦點放在完成艱難課程的流程、對課程結束，並且進入新人生階段的前景感到興奮，是很自然的事，但重要的是，不要沒有思考取得碩士學位的意義，就貿然進入下一個人生階段。

碩士學位非常特別，它標示了人生中一個非常重要的分界線，之前發生和日後將會來臨的事情之間有重大的差異，了解這一點，是開始發展爲卓越經理人的關鍵。

爲了解碩士學位的意義，了解它的歷史背景是很有用的。早期的大學，是在中世紀晚期公會制度的背景下建立的。在公會制度中，有三個成就層級：

第一個層級是學徒。如果有人想要學一項技藝，他會去找一位專業師傅，在這位師傅的工作室裡當助理工作幾年。爲了回報學徒的協助，師傅會把技藝的基本要領傳授給他，經過一段

時間，師傅開始慢慢讓他實習這項技藝的技巧。

第二個層級是工匠。經過幾年的學徒生涯，這位年輕人開始精通技藝，並且獲准自行四處去實習技藝。隨著時間過去，他獲得經驗，使自己的技能趨於完善，變得越來越技藝高超。

當工匠的技藝開始變得日益純熟，他可以尋求達到技藝的第三個層級，也就是最高的層級：成爲一位大師（master）。爲了成爲大師，工匠必須創造一項符合業界最高標準、精美絕倫的作品，也就是他的大師之作。當他完成這一項作品時，他就有資格設立自己的工作室，並且傳授學徒。

讀碩士，大師之路的起點

想獲得碩士學位的學生，跟想當大師的學徒有一些重要的相似處。大部分碩士班學生都經歷過類似舊公會制度的職涯階段。起初，他們是大學生，主要的工作是全神貫注在某一門學科上，並且在專業領域基礎上獲得紮實的工作知識。

畢業後，大部分人轉進他們可以應用自己專業技術，並且持續學習的入門級職位，有點像在工匠階段。

當這些人在自己領域的業務活動中，達到高度的經驗和成就水準時，他們申請研究所，以學習成爲碩士。這些碩士課程提供了嚴格的研究課程，讓學生爲日後被授予碩士學位（很像舊時的大師）做好準備。

許多學生寫的碩士論文，很像是舊時行會制度要求大師提出的大師之作，它是學生的「大師之作」，證明該學生精通該學科，並且可以產生嚴謹的原創作品，以及推動人類知識進步的見解。

思考舊行會制度的大師角色，可以對純熟的管理提供重要見解。在舊行會制度，大師級的師傅有兩個根本任務：

首先，大師有機會和義務製作比以前更好、持續改善的作品，推進技藝藝術的層次。許多大師之作在全世界著名的博物館中展覽，創作者的名字永遠銘刻在歷史上。其次，大師有機會和義務收學徒，並且傳授他們技藝，讓他們走向大師之路。這兩種根本任務，是讓技藝成功和永存所不可或缺的。

我們現在逛博物館，很容易就把焦點放在大師之作上，但常常忘了大師的職涯發展流程。如果沒有訓練新大師的系統化流程，現在的博物館就不會那麼精彩了。

大師級的經理人

就像舊時的大師，現今的大師級經理人有兩項同樣重要的任務。首先，他們必須發展嚴格、基礎牢固的策略、方案和計畫，以充分提高其公司的利潤，並且促使他們朝未來前進。第二，他們必須主動訓練和培養，能夠完成其遠景以及有朝一日能在他們晉升時，接班的下一代經理人。

大師級的經理人需要在兩個部分都很卓越，除非兩樣都妥善完成，否則公司經過一段時間也不會繁榮。

現今要成爲大師級的經理人，有很多條路，但這些路全都要求，在某些點，經理人要將焦點從學習和實習，轉移到透過別人傳授和工作。**經理人在組織中爬得越高，教導就變得越重要**。這是這一部前幾章裡的基本概念。

同樣的，最有效率的諮詢協助，包含透過公司本身的經理人傳授和工作，同時確保流程中的創意和紀律。諮詢成功的最後標準，是建立公司本身自行在新領域中成功的能力。

我最近和一家大公司的中階主管共進晚餐，我們談論該公司及其管理流程，其中一位經理人評論說：「實驗並無不可，但最好不要出錯。」事實上，要培養深思熟慮、創意的經理人，邊做邊學是免不了的，而且過程中出現一些錯誤是流程中很自然的一部分。良好的展示專案，都是從較小的客戶或區域開始，也是因爲這個原因。

最具效率的公司會特別強調培養經理人。較高階的主管建立方向，然後將大部分時間和注意力集中在輔導和傳授旗下的經理人，並且協助他們了解如何改善本身的績效。如此一來，出色的組織就會持續自我創新。

這個流程類似一家卓越的教學醫院所發生的情況。在該醫院，大師級的外科醫師總是把住院醫師和實習醫生帶在身邊，這些大師級外科醫師就像大師級經理人一樣，一直將焦點放在建立新行事方法和訓練下一代的雙重任務上。

大師級的策略

透過部屬工作的大師級經理人所發展的策略、方案和計畫，幾乎總是優於單打獨鬥經理人所發展的策略、方案和計畫，這種情況有兩個原因。

第一，最佳經理人受到提供「有效管理發展」和「邊做邊學」機會的企業所吸引。第二，教學其實是最有效用的學習形式，大師級的經理人對於商業必須有嚴謹和相當成熟的了解，才能夠有效指導旗下的經理人。

讀遍商業媒體和年報，就像逛遍一家很棒的圖書館，成功的策略、方案和計畫全部都有，偏偏很少提到，經理人得用什麼樣的方法將它們寫出來。

大師級的經理人對於卓越管理這兩方面都瞭然於胸。他們自己以及所訓練的經理人，是發展和實作新方案的專家，他們樂於面對他人的問題，也願意傾聽不同意見。**以大師級經理人為特色的組織，非常樂於接受變革，因為經理人對不同的意見相當好奇，而且已經習慣納入考慮。**他們習慣於對他人試探構想，並且被教導要將管理視爲相互讓步的過程，以及眞實價值會在其中勝出的構想市場。

在這個發展構想的流程中，年輕經理人在自己被需要之前，和彼此適當發展關係。一群有效率的年輕經理人開始習慣彼此合作，他們在組織中一起崛起。一家公司的大師級經理越多，就越能成爲可以永續經營的大師級組織——持續達到充分的利潤潛力，並且在新機會演進和發展時，持續變革和適應。

獲利的魔鬼在這裡

1. 大師級經理人擅長兩項基本任務：提出促使公司前進的新構想和方案，還要培養能夠成長，將來在他們晉升時接班的卓越部屬。
2. 多數公司對大師級經理人的要求，集中在前述的第一項任務上。在許多公司裡，第二項任務多半被忽略，這樣一來對企業造成嚴重傷害。
3. 卓越的管理發展是一項可以明確表示，且需要經常改善的流程。大師級經理人指導部屬經理人，對他們自己的知識和能力會有很好的正面影響。現今的龍頭企業都非常強調這個流程。
4. 邊做邊學是卓越教學必要的一部分，展示專案提供絕佳機會，讓人以受到控制、低風險的方式提出新構想和新方法。

接下來你要注意……

本章說明如何成為大師級經理人，最後一章解釋如何成為有效率的領導者。

第三十六章　領導者比管理者省力有效

有效領導者的基本特質是什麼？在年輕人身上可以看到這種特質嗎？可以培養出來這種特質嗎？

我最近和一家有名的商學研究所招生負責人會面，開會的主題就是這些問題。這位負責人正在思索，獲准入學的申請者的背景資料該是什麼樣子。卓越的領導力似乎很容易就被識別，當某人缺乏領導特質時，你通常可以判斷出來。但是你如何界定它？這對選擇和培養部屬，以及發展你自己領導力，是一大關鍵問題。

我一直在想這句話：**「領導者是在他們熱中的領域裡留下足跡的人。」**這是我從那位招生負責人那裡聽來的。事實上，我與她開會的過程中，發現她採取了相當卓越的流程，並且想讓它變得更好。她已經在她的熱中領域中留下足跡。

有些公司已經有持續、幾近強制改善的文化，不論公司有多好，都應該做得更好。它讓我想到史密斯松尼博物館（Smithsonian）一項稱爲「如果我們這麼好，爲什麼不能更好？」的美國獨創力展覽（American ingenuity）。

相形之下，其他公司自鳴得意的緬懷過去、沉浸其中。我記得曾經有一位副總裁告訴我，他公司做了一切正確的事，因爲「如果眞的有比較好的方法，我們早就會發現它，而且已經採用了。」

從以上這些例子我們該學會：當你領先時，就踩油門加速，畢竟那是你到達那裡的方式。

靈活的領導力

就某種意義來說，卓越的領導人必須非常靈活（ambidextrous）。一方面，他們必須能夠在目前的商業典範「我們一向都這麼做」內巧妙的執行，另一方面，他們必須能夠思考現行典範，找到澈底加以改善的方式，並且管理大型變革使其順利完成。你需要雙面靈活和許多承諾，必須「在飛行中換飛機的螺旋槳」，但是那種能力是成功領導力的本質。

試著這樣思考：有一天，你現在的工作將是你履歷表上的其中一點，底下會有兩、三行說明你的主要成就的文字。「擅長按照慣例做事」不能算是其中之一，卻是你雖然不得已但是得付出的代價；那是你必須做好以保住工作的事情。至於你的主要成就，則是你在改變現行典範上獲得的成功，才是你展現領導力的方式。

順帶一提，在剛開始一項新工作時，想想你希望那兩、三行寫些什麼，並且刻意在你的在職期間這麼做，效果會很好。否則，你會面臨一個風險：你巧遇一些機會，可是臨時寫出來的那兩、三行卻幫不上你的忙。

你不是優秀經理人，也可以是優秀領導者嗎？在我的經驗中，最佳領導者也是卓越經理人，而最佳經理人擁有強大的領導能力。為了成功，你必須既熱中於改善組織，又有能力持續的推動你的計畫。

讓喜歡改變事情的人與偏好管理穩定性的人組成團隊，當然可行。事實上，最有效率的團隊擁有經常會挑戰極限的成員，以及經常確保組織不會表現失常的成員。前者最後會比自己希望的步調還慢，而後者最後會比自己習慣的速度還快，折衷對公司很有利。但是該團隊的兩種成員，都具備充分能力進行雙面靈活的管理，否則，當他們在協議折衷辦法去建立有效做法，就不會達成共識和尊重彼此。

管理日常事務，是任何職位的核心需求，這不是小任務。它需要你製造持續性的良好成果、達到利潤目標，並不斷改善你的商業流程。成功牽涉到職能、能力和團隊合作，你可以、且也應該從做好這件事當中得到重大滿足，但是不要將日常管理誤認為是領導典範移轉。

改變你的公司，你該這麼做

重大管理變革迥異於日常管理，它包含了概念化和創造根本的改善，而這種改善能改變企業的經營方式。

為了領導典範移轉，你需要八項基本的個人特質，這些特質遠超過你的日常能力，而且是你分析要做什麼事所需要的領域知識。

- ⊙**要有熱情**。首先，你需要有讓事情變得更好的強烈幹勁。變革管理是一項令人精疲力盡的流程，熱情會協助你經歷它。有些主管似乎有「滿腔熱誠」。
- ⊙**有想法**。爲了將熱情化爲行動，你必須能夠退一步，檢視你要做的事，即使你已經開始在做。這是本章一開始的招生負責人思考招生背景資料是否正確時，所展現的特質，即使她當時正忙於日常事務。
- ⊙**創意**。一旦你在你的商業流程上擁有觀點，要找出全新和更有效率的方式行事，需要有創意。有些人天生就比較有創意，但是你可以審視各種公司裡的各種商業實務，藉此讓你的創意湧現。商學院個案研討充分提供這個觀點，商業雜誌和其他刊物也一樣。
- ⊙**組織技巧**。領先的重大變革需要不斷增加的創意和平凡的實用性，你必須將廣泛的遠景轉換爲非常有條理、務實的步驟式計畫，否則，人們就不會有拋開經過考驗的舊行事方式所需要的信心。
- ⊙**團隊合作**。幾乎所有的重大改革都包含吸引、說服其他人以及與他人合作，你必須謹記組織的最佳利益，而且眞的積極爲你想要領導的那些人謀福利。**具備這種態度，以及妥善實際的計畫，大家就會想要追隨你**。
- ⊙**毅力**。熱情讓你開始行動之後，毅力能讓你持續到底。我可以想到幾位經理人，他們提出絕佳構想，傑出、有創意和熱情，但是等到要努力付諸實施時卻失了興趣。說到底，他們的確設計出良好的比賽，卻從未將分數寫在記分板上。

⊙**心胸開放**。大型變革一定會包含一個良好的邊做邊學措施。根據定義，你正將船開往未知的水域，優秀的領導者需要對模稜兩可有高度的容忍性。

⊙**誠信**。最後但絕非最不重要的一點是，領導者要有誠信。這並不只是表示不違法，而是指誠實。誠實無疑是誠信一個重要部分，但誠信更超過誠實，它是關乎眞誠、被本身根深柢固的價值觀「造福組織和同事」所激勵的事情。這是熱情、毅力和團隊合作的來源，沒有了誠信，你只是在自我推銷，大家不會追隨你。

領導者是後天培養

就像任何其他事情，領導能力每個人都不一樣。有些人是天生的領導者，其他人對於明確界定的情況比較自在，許多人則是介乎其間。

天生的領導者具備重要的能力，但是在將創意遠景轉化爲具體行動計畫的較實際層面上，他們通常需要仔細的訓練。他們需要了解變革生命週期的時間長短，這樣他們才不會低估毅力的重要性。

但是大部分人可以藉著在領導技巧方面下工夫，來培養領導技巧。第一個步驟是肯定一件事：擅長處理日常事務是極爲重要的，但是那並不足夠。第二個步驟是看看內心深處的自己，並且決定你是否願意在概念化和領導變革時，忍受長時間的不安。最終的報酬是深刻的滿足，這種滿足來自看到：若你沒有創造，就不會存在的新事物。

一旦你決定成爲領導者，你可以思考你想要自己履歷表上呈現的成就，並且決定投入達成所需要的時間和注意力，藉此發展你將會需要的特質。就像任何其他事物一樣，熟能生巧。

要成爲卓越的領導者，需要特定的智力水準，但不一定要是傑出的天才。你需要一定水準的社交技巧，但不一定要是出色的業務員。但是你需要：做事能力高超，以及要有思考問題的能力。

最重要的是，要成爲卓越的領導者，需要找出你眞正喜歡的事物，那是熱情、承諾和誠信的來源。我認爲領導力中最重要的因素是，一個人是否曾經在自己心中所想的事物（也就是自己眞正喜歡的事物）和工作情況之間，找到絕佳的搭配。

想想領導者的定義：「在他們熱中的領域裡留下足跡的人」。專注於第一部分，也就是如何留下足跡很容易，但是實際的威力來自第二部分，也就是在自己熱中的領域裡工作。

你如何在一個年輕人身上看出領導潛力？最重要的線索是，這個人是否已經找出他自己覺得眞正熱愛的工作。如果一個人缺乏將「自己要什麼」弄對的衝動或能力，他如何能夠爲一家公司做這件事？

如果你正在從事你真正喜歡的事情，你會情不自禁、強烈的想要讓它變得更好。

獲利的魔鬼在這裡

1. 領導者是「在他們熱中的領域裡留下足跡的人」。
2. 多數人將注意力集中在領導力的第一個層面，也就是如何留下足跡；但是第二個層面，也就是在自己熱中的領域裡工作，才是真正的成功關鍵。
3. 一個人如何判斷誰是有效率的領導者？首先，要看看那個人是否在他真正喜歡的領域中工作。
4. 想想你自己的工作和職涯。你是在你真正喜歡、而且覺得能實現個人抱負的領域中工作嗎？如果是這樣，那就想想如何改善你的領導技巧，否則，就努力想想，如何朝向你真正喜歡做的工作前進。

尾聲　現在，你知道該怎麼做了……

每一年，我在麻省理工學院的課堂上談論職涯規畫時，我一定舉「一千萬美元測驗」的例子讓學生思考。

假設你剛繼承一千萬美元，你不必再爲錢工作。我知道，你會花兩個月待在沙灘、什麼事都不做……但後來，你會開始無聊、開始思考你眞正想要做什麼。你一再自我剖析之後，你會選擇趕緊弄清楚眞正想做的事。

我對你和學生的建議是一樣的：你不要等繼承一千萬美元再說，現在就花時間弄清楚，開始做你眞正想要做的事。

世界是多得不得了的多樣，不論哪種情況最符合你，機會或許老早就存在那裡，你也可以自己建立。你的主要任務是：了解你眞正想要的是什麼，記得在尋找、建立它時要有創意和精力充沛。畢竟這個流程就是領導力的一切。

如果你把一生花在你眞正想要做的事情——讓你眞正感到滿足和快樂的工作，你就會更快樂、更有效率，實質上更加成功。

如果你在眞正喜歡的領域中工作，你會自然想要做得更好，你的同事會受到你的工作熱情感染、想要與你合作，好的成果自然跟著來。

其實，這就是領導力的本質，這也是利潤管理以及商業上所有其他層面成功的最終關鍵。感謝你閱讀本書，祝你好運。如果你在公司利潤管理方案獲得成功，我很期待你的分享。

強納森・伯恩斯
麻州劍橋
jlbyrnes@mit.edu

國家圖書館出版品預行編目(CIP)資料

獲利的魔鬼，就躲在細節裡：不拚業績，我們如何讓獲利翻倍？／強納森・伯恩斯（Jonathan L.S. Byrnes）著；林麗冠譯. --二版. -- 臺北市：大是文化，2019.03
336面；14.8 x 21公分（Biz；291）
譯自：Islands of profit in a sea of red ink: why 40% of your business is unprofitable, and how to fix it
ISBN 978-957-9164-88-7（平裝）

1. 企業管理　2. 成本效益分析

494　　107023802

Biz291

獲利的魔鬼，就躲在細節裡

不拚業績，我們如何讓獲利翻倍？

作　　者／強納森・伯恩斯（Jonathan L.S. Byrnes）
譯　　者／林麗冠
責任編輯／陳竑惪
校對編輯／張慈婷
美術編輯／林彥君
副總編輯／顏惠君
總 編 輯／吳依瑋
發 行 人／徐仲秋
會　　計／許鳳雪
版權經理／郝麗珍
行銷企畫／徐千晴、周以婷
業務專員／馬絮盈、留婉茹
業務經理／林裕安
總 經 理／陳絜吾

出 版 者／大是文化有限公司
臺北市 100 衡陽路 7 號 8 樓
編輯部電話：（02）23757911
購書相關資訊請洽：（02）23757911 分機 122
24 小時讀者服務傳真：（02）23756999
讀者服務 E-mail：haom@ms28.hinet.net
郵政劃撥帳號 19983366　戶名／大是文化有限公司

法律顧問／永然聯合法律事務所
香港發行／豐達出版發行有限公司　Rich Publishing & Distribution Ltd
地址：香港柴灣永泰道70號柴灣工業城第2期1805
Unit 1805, Ph.2, Chai Wan Ind City, 70 Wing Tai Rd, Chai Wan, Hong Kong
電話：（852）2172-6513 傳真：（852）2172-4355
E-mail：cary@subseasy.com.hk

封面設計／DECOY design　內頁排版／孫永芳　印刷／鴻霖印刷傳媒股份有限公司
出版日期／2019 年 3 月二版
定　　價／新臺幣 360 元（缺頁或裝訂錯誤的書，請寄回更換）
ＩＳＢＮ／978-957-9164-88-7（平裝）

Islands of profit in a sea of red ink: why 40% of your business is unprofitable, and how to fix it
by Jonathan L.S. Byrnes